岡本敏雄・高橋参吉・西野和典 編著

# 情報科教育法

第2版

丸善出版

# 第 2 版のはじめに

　高等学校で情報科の授業が開始されてから，10 年以上が経過した．2009 年に学習指導要領が改訂され，情報科は，旧教育課程の「情報 A」「情報 B」「情報 C」の 3 科目から，「社会と情報」「情報の科学」の 2 科目構成になり，学習内容も変化した．

　この 10 年間で教育の方法も大きく変化してきた．「教員が何を教えたか」ではなく，「生徒が何を学び取ったか」を注視し，生徒の学習成果にもとづいて授業を改善するという学習者中心の教育観への変化である．このような変化から，教科の学習内容もさることながら，学習のプロセス，つまり生徒はどのように学ぶかに注目した「情報科教育法」へのシフトが求められている．

　このような情報科の科目構成，内容，学習方法の変化を踏まえ，旧版の「情報科教育法」を全面的に改訂することにした．本書では，学習指導要領改訂の趣旨や情報科の意義を踏まえたうえで，共通教科情報科である「社会と情報」と「情報の科学」，および専門教科情報科の各科目の目標や内容を示すとともに，授業の教材例や展開例を豊富に盛り込んだ．

　教育実習で学生が困らないように，学習指導案の作成や評価の方法，ICT の準備や教材の作成に至るまで丁寧に説明し，教科書として利用しやすい構成と内容になるように努めた．また，情報科教育法の授業展開例を示すなど，情報科教育法を担当する教員が参照できるような記述も盛り込んだ．さらに，学習指導と学習評価のあり方を詳細に解説し，指導と評価の関係を一体として捉えることができるようにした．

　本書が，情報科教員を目指す学生をはじめ，大学や高等学校で情報科教育に携わっておられる先生方に，有益な情報を提供することができれば執筆者一同

のこの上ない喜びである．

　学ぶ側の学力観から眺めると，形式陶冶と実質陶冶とのバランスが重要である．「情報」という教科は両者の特質を有するきわめて意味のある重要な教科である．指導する立場の者はそのことの重要性を十分に理解する必要があろう．欧米の先進諸国はもちろん，東南アジア，中東，南米における各国も本腰を入れてこの種の教科に力を入れている．わが国においても，独立教科「情報科」が積極的に大学入試科目としても扱われ，知識創造の後進国にけっしてならないよう切に望む．

2014 年 12 月

岡　本　敏　雄
高　橋　参　吉
西　野　和　典

# 初版のはじめに

　平成 15 年度から高等学校教科「情報」が展開される．学校教育の歴史において，画期的なことである．未来志向の新しい理念をもった教科である．同時に，様々な心配もある．どのような授業をすればよいのであろうか．情報通信技術やメディアを巧く操ることができるのであろうか．それらの技術の原理的な理解のためにどのような勉強をしなければならないのであろうか．生徒はついてくるのであろうか．学力をどのように評価すればよいのであろうか等，様々である．本書はこのような観点にたって編纂された大学教職課程「情報科教育法」向けの教科書である．

　ところで，情報通信社会における一般の人々の情報リテラシーについて，制度的な教育のあり方は，今後の教育政策においてきわめて重要な課題である．すでに，高等学校への進学率が 95％ にも昇っている．その最中にあって，高等学校教科「情報」の実施は，きわめて意義深い．まず，21 世紀における教育の本質的な議論とその育成環境を論じることが必要とされる．すなわち，それ自体が社会的かつ教育的問題であることを認識し，それを通して健全な教育的かつ研究的な反応をしなければならない．次に生徒の社会的・知的・情緒的な発達を促進するための人工物と環境との調和のとれたシステムを探究しなければならない．そして教育においては，コンピュータ等情報技術それ自体を探究しつつ，人間社会を哲学することの重要性も認識されるべきである．さらに，教授・学習活動における情報技術の利活用の形態を，新しい視点で発見することも意義深い．そのためには，"応答する教科書としてのコンピュータ（ソクラテス的相互作用と発見学習支援）"，"表現媒体としてのコンピュータ（状況的知識構成主義と創造）"，"計算視点（Computational View）からの協調的

コミュニケーション・メディア"といった新しい学習パラダイムを論じる必要がある．

さらに"情報教育"という概念において，いくつかの視点がある．一つは，教授手段としての情報技術・メディア．二つめに，学習手段としての情報技術・メディア（さらにこれは，教科の学習目標を達成するための利活用とより一般的な問題解決や自己表現・コミュニケーション・創造活動のための手段に分けることができる）．三つめに，情報技術そのものについての科学的な理解，そして，四つめとして，情報化社会における社会的・経済的・倫理的な認識と理解に関することである．このような視点を考慮して，情報化時代における新しい教育観，学習観が求められる．

21世紀に向けたポストモダン時代における新しい学習観とは何であろうか．コンピュータを道具として扱い，ネットワーク環境を前提とした教育・学習環境では，以下のような学習形態が出現してくるであろう．

1. 社会的活動に参画するためのグループ活動と協調学習の新しいモデル
2. 探究的実験学習
3. 洞察力を重視した問題の発見と，質問と教示による学習
4. 相互対話による知識の自己組織化

このような学習形態を，高等学校教科「情報」の中において，実践的な挑戦として取り入れていただきたい．もちろん，"独立した教科"であるので，学習指導要領に網羅されている内容の理解を通してである．

編者代表　岡本敏雄

# 執筆者一覧

岡本　敏雄*　　電気通信大学名誉教授，京都情報大学院大学教授（1章）
鹿野　利春　　石川県教育委員会事務局教員指導力向上推進室（4・6章）
香山　瑞恵　　信州大学学術研究院工学系（4・5章）
鷹岡　　亮　　山口大学教育学部附属教育実践総合センター（8章）
高橋　参吉*　　帝塚山学院大学人間科学部（3・6章）
高橋　朋子　　大和大学教育学部教育学科（6章）
中條　道雄　　関西学院大学非常勤講師（1章）
天良　和男　　東京都立小石川中等教育学校（2・6章）
永田奈央美　　静岡産業大学情報学部情報デザイン学科（3章）
西野　和典*　　九州工業大学大学院情報工学研究院（2・5章）
西端　律子　　畿央大学大学院教育学研究科（1・3章）
森本　康彦　　東京学芸大学情報処理センター（7章）

＊は編著者　　　　　　　　　　　　　　［所属は2014年12月現在，五十音順］

# 目 次

## 1章　情報科の設置と背景 ──── 1
### 1.1　情報教育の意義　　1
### 1.2　情報科の設置　　7
### 1.3　諸外国での情報科教育　　12

## 2章　情報教育の目標と体系 ──── 21
### 2.1　情報教育の目標　　21
### 2.2　情報科の改訂　　24
### 2.3　情報科の構成　　28
### 2.4　情報教育の体系　　31

## 3章　「社会と情報」の目的と内容 ──── 37
### 3.1　「社会と情報」の目標　　37
### 3.2　情報の活用と表現　　38
### 3.3　情報通信ネットワークとコミュニケーション　　44
### 3.4　情報社会の課題と情報モラル　　49
### 3.5　望ましい情報社会の構築　　55

## 4章　「情報の科学」の目的と内容 ──── 61
### 4.1　「情報の科学」の目標　　61
### 4.2　コンピュータと情報通信ネットワーク　　62
### 4.3　問題解決とコンピュータの活用　　69

4.4　情報の管理と問題解決　　　　　　　　　　　　　　　　　　　75
　　4.5　情報技術の進展と情報モラル　　　　　　　　　　　　　　　81

## 5 章　専門教科情報科の各科目　　　　　　　　　　　　　　　　　89

　　5.1　科目編成　　　　　　　　　　　　　　　　　　　　　　　　89
　　5.2　基礎的科目と総合的科目　　　　　　　　　　　　　　　　　90
　　5.3　システムの設計・管理分野　　　　　　　　　　　　　　　　99
　　5.4　情報コンテンツの制作・発信分野　　　　　　　　　　　　107

## 6 章　情報科教育と授業実践　　　　　　　　　　　　　　　　　115

　　6.1　授業実践例　　　　　　　　　　　　　　　　　　　　　　115
　　6.2　協働自律学習を取り入れた情報科教育法の授業実践　　　　130

## 7 章　学習指導と学習評価のあり方　　　　　　　　　　　　　　141

　　7.1　授業をデザインする　　　　　　　　　　　　　　　　　　141
　　7.2　学習指導のデザイン　　　　　　　　　　　　　　　　　　143
　　7.3　学習評価のデザイン　　　　　　　　　　　　　　　　　　148
　　7.4　指導計画作成の実際　　　　　　　　　　　　　　　　　　155
　　7.5　学習指導案の作成　　　　　　　　　　　　　　　　　　　161

## 8 章　情報教育の環境　　　　　　　　　　　　　　　　　　　　173

　　8.1　情報教育および教育の情報化の歴史　　　　　　　　　　　173
　　8.2　情報教育・教育の情報化の将来と ICT 活用　　　　　　　186

索引　　　　　　　　　　　　　　　　　　　　　　　　　　　　　193

# 第1章　情報科の設置と背景

## 1.1　情報教育の意義

　欧米諸国を中心に21世紀にふさわしい教育の刷新とオープン化が図られており，それに伴って情報教育カリキュラムの整備とそれを支えるインフラの充実が着実に展開している．わが国においても体系的な情報教育を実施するための環境整備が進められている．とくに日本の情報教育の現状を検討してみると，世界的視野をもつ人材育成と情報および情報通信技術を活用する能力開発は，資源少国のわが国とって，重要な課題である．それゆえ，今後，小・中・高校のそれぞれの学校段階で発達段階を考慮した整合性のある一貫した情報教育を定着させる必要がある．そのために統合的なカリキュラムの整備とその制度的実施が進められている．

### 1.1.1　コンピュータ教育から情報教育へ

　コンピュータや情報技術に関連する教育は，歴史的に次の三つの区分で示すことができる．
　①第一世代の情報教育観：コンピュータのハードウェア的仕組みやプログラミング，アルゴリズム，ファイル処理などを重視
　②第二世代の情報教育観：文書処理，表計算，データベース，描画，パソコン通信などの応用ソフトウェアの利活用スキルを重視
　③第三世代情報教育観：問題解決・計画・表現の手段としての分析・統合，創作，表現などの能力を重視

である.

　コンピュータ教育の時代では，①が主張され，さらにコンピュータ・リテラシーが叫ばれた時代では，②が重視された．1990年代後半からは③が主張され，情報教育という概念が定着していった．情報教育という言葉は，諸外国で「情報技術の教育」，すなわち「Education of Information Technology」，最近では「Education of Information and Communication Technology（ICT）」といった言葉で表されている．わが国では，「Technology」という言葉が「技術」という訳になり，中学校の「技術科」と混同されるため，また普通教育と職業教育との混同を避けるため，あえて技術という言葉を取らざるを得ないという事情がある．もちろん積極的な意味においては，単なる技術教育ではなく，実社会に密着したシステム観を有した問題解決力とそれを遂行し得る基礎的なスキルの形成という意味合いがある．

　さて現在，初等中等教育における情報教育の制度的確立が進行している．その重要なスタンスとして，大学に至るまでの教育段階でのカリキュラムの接続性（articulation）を円滑にするという意味では，高等教育につなぐための前提となる初等中等段階での情報教育のあり方が重要である．カリキュラム理論からいえば，いわば教えるべき内容が発達段階を考慮したスパイラル構造を成していることが望ましいことはいうまでもない．しかしながら，これまでこの情報教育を体系的に初等中等段階で教育する基盤が十分ではなかった．

　すでに先進諸外国においては，中等学校段階から「IT-Education」，すなわち情報技術に関する教育体制が着々と整いつつある．それらは，高学年になるにつれて独立教科としての色彩を強くもち，コースによっては，大学入試の条件として考慮される段階にまで至っている．情報教育の内容やあり方は，図1.1.1に示すように，高学年になるに従って，教科「情報」としての独立性を有した内容すなわち，about：情報に関する内容の学習が多くなるものと考えられる．ここではわが国の初等中等教育段階での情報教育の動向を眺め，そのあり方を検討することをねらいとしたい．

　教育におけるコンピュータ利用は，1960年代のアメリカにおける教育の現代化運動に始まるといってよい．1957年の旧ソビエトによる世界初の人工衛星スプートニック打上げ成功は，アメリカの教育界に大きなショックを与えた．

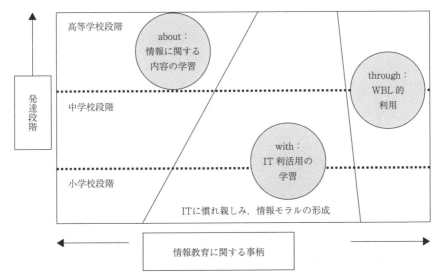

**図 1.1.1　発達段階を考慮した情報教育のあり方**

そこで，NSF（National Science Foundation）の膨大な資金援助によって，理数系科目を中心とした，カリキュラムの見直しや教育方法の革新が試みられた．コンピュータを利用した CAI（Computer Assisted Instruction）システムの研究開発が始まったのもこの時期である．わが国では，約 10 年遅れて学校におけるコンピュータ利用の研究開発が始められた．児童・生徒がコンピュータの端末を触り始めたわけである．同時に CMI（Computer Managed Instruction）とよばれるシステムが学校運営，学習者個人に対応し得る教育関係資料のデータベース化，さらに成績処理等のためのさまざまなシステムが開発された．この CMI は，教師のためのコンピュータシステムであった．その概念は，ピッツバーグ大学の学習研究開発センター（LRDC）で行われた IPI（Individually Prescribed Instruction）とよばれるもので，学校での個別的な指導を可能にするためのさまざまな教育・指導情報のデータベースシステム（教案，テスト，教材選択の手順など）にあった．

このようなコンピュータ利用を経験して，1980 年代に入ると，BASIC 言語を搭載したパーソナルコンピュータが出回り，グラフィックス機能，漢字表示機能等を利用して，学校現場ではさまざまな工夫を凝らしたプログラムが作成

された．とくに，パソコンCAI，グラフィック・シミュレーション，さらにLOGOとよばれる子ども用の幾何図形作成向け問題解決言語によるプログラミングなどの教育・学習活動が展開された．さらにCAL (Computer Aided Learning) ともよばれる方式が発展して，学習の道具としてのコンピュータ利用が普及した．このころから，「情報教育」とよばれるコンセプトが芽生え始めた．その後，文書処理ソフトウェア，データベース・パッケージ，表計算ソフトウェア，図形作成ソフトウェア，パソコン通信，MIDI対応の音楽ソフトウェア，各種周辺機器類が提供され，数学，理科，社会，英語，音楽，美術をはじめとするあらゆる教科でコンピュータ活用の実践が試みられるようになった．

一般に，学校におけるコンピュータ利用は，図1.1.2に示すように三つの側面から整理することができる．すなわち，CAIのようにコンピュータを介した教育（throughの教育），さまざまな応用ソフトウェアやツールを教育，学習の道具として活用する教育（withの教育），そしてコンピュータの仕組み，ソフトウェアの仕組み，さらにデータや情報の構造・表現，プログラミング，コンピュータ計測・制御など情報技術そのものの教育（aboutの教育）である．わが国では，普通科を中心とした初等中等教育においては，このaboutの教育について，体系化した教育はまだ十分に行われてこなかった．

一方，職業教育においては，工業，商業，農業，水産などの専門高校におい

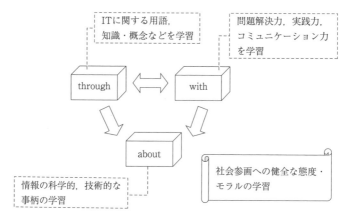

図1.1.2　教科「情報」の学習目標の全体像

て，それらの分野に特化した形で，about の教育が少なからず実施されてきている．とくに工業高校では，情報に関連する多くの専門学科が設置された．しかしこのような職業高校においても，徐々に「情報教育」という概念が重視されつつある．すなわち，情報処理の準専門家養成をねらいとしたプログラミングを中心の教育から，コンピュータ・リテラシー，コンピュータ・アウェアネス，情報技術に関する知識，論理的な物の考え方，情報の加工・伝達，コミュニケーションと表現，情報の生成・創造，情報の評価，情報化社会の特質の理解，情報化社会における光と陰，情報倫理といった内容が融合的かつ総合的に体系化された新しい教科コンセプトとして構成されつつある．

### 1.1.2 独立教科「情報」の設置とその意義

わが国においては，すでに 1989（平成元）年の学習指導要領改訂において，情報教育の重要性が認識され，その後「情報教育に関する手引き」が刊行され，さらに小・中・高校にコンピュータ導入が精力的に推進された．このときのカリキュラム構成は，いわゆる分散型のカリキュラムであり，各教科の中に情報に関する単元が配置された．それゆえ，数学，理科，社会科などの中の関連するところで情報が扱われた．当然のことながら，そこでは「情報学的な考え方」が教育目標となるのではなく，教科の理解のための手段として，さまざまなソフトウェアの活用に重点が置かれ，かつ人間や社会との関わり合いに関する内容がアウェアネス（awareness）として扱われた．この考え方の柱は，情報活用能力の育成を目指して次のようなものであった．

(1) 情報の判断，選択，整理，処理能力および新たな情報の創造，伝達能力の育成
(2) 情報化社会の特質，情報化の社会や人間に対する影響の理解
(3) 情報の重要性の認識，情報に対する責任感
(4) 情報科学の基礎および情報手段の特徴の理解，基本的な操作能力の習得

この理念ないしは目標にしたがって，小学校，中学校，高等学校の発達段階に応じた内容配分がなされた．ところが，既存の教科の中では，どうしても余分な内容として受けとめられて，理科や数学でコンピュータに関する内容が扱われないだけでなく，「情報学的見方・考え方」，「システム的見方・考え方」

が反映されていないことが指摘できる．そういった意味で，2009（平成21）年の学習指導要領の改訂では，「すべての国民のための情報学」として，明確に独立教科として，教科「情報」が位置づけられたことは画期的な改革である．内容的には，1.1.1項の「about」の教育を基軸に置きながら，新しい学力観を育成するための融合的カリキュラム（comprehensive curriculum）となっている．

教科「情報」の内容において，学問的には情報科学や情報システム学に基礎が置かれている．それゆえ，教育の考え方においての形式的論理思考を形成することをねらった形式陶冶論と矛盾するものではなく，むしろその意義を十分に反映している．しかしながら現実世界を直視し，積極的な適応力をねらいとする実質陶冶的な内容も不可避である．このような意味でも，時代の変化に応じた新しい情報技術との接近性を重視する必要がある．したがって，評価の形態も，大きく変革しなければならない．記憶中心から，問題意識・認識，発想，分析，計画，解決案の導出，設計・製作，実施・運営，レポート作成，発表，批評といったさまざまな学習活動を課題解決のプロセスとして体験させ，それを評価することを重視しなければならない．

### 1.1.3　独立教科としての「情報」の特質

情報教育を独立教科として位置づける意味は，どこにあるのであろうか．従来の教科の中での情報利活用や「総合的な学習の時間」で当然，情報教育関連の事柄が扱われるであろう．しかしながら，情報通信技術によって社会のさまざまな活動はそれらの技術なしではあり得ない．そうなると「情報」というものを体系的に理解，操作・変換，表現・伝達，評価，そして創造するといった独立した科目が求められる．そこでは，システム思考と統合化思考を育成するような教科の学習目的を設定することができる．さらに情報通信技術は，今後さまざまな分野において，その影響は計り知れないものであろう．すなわちそれ自体の理解もきわめて重要な事柄である．その社会における人間の活動に関わる意義を示す．

①デジタル技術によって，あらゆる形態の情報が，同一の場で表現・処理することが可能になり，そこに多様な価値をもった人工物を創造することが可能になったこと．

②時間的,空間的な垣根を取り払った相互交流,活動の場（サイバースペース）を提供し得ること.
③場におけるさまざまな活動がデジタル記憶され,共有と再利用が可能なこと.
④さまざまな活動を支援,補強する道具（表象・認知・創造行動の増幅器）として,利用可能なこと.
⑤情報技術は,政治経済,産業,医療,教育,福祉,環境,研究活動などあらゆる分野において,それらの活動,営みを質的に変化させるような触媒的機能を有すること.

このような事柄に対して,意識化させ,その意味を気づかせ,さらに素朴に情報技術に接し,その機能や仕組みを理解させていくような体系化した新しい哲学をもつ教科的発想は,これまで存在しなかったといえよう.

## 1.2 情報科の設置

### 1.2.1 情報教育の政策動向

1969（昭和44）年に理科教育および産業教育審議会は「高等学校における情報処理の推進について」という建議を提出し,その中で,「情報処理に関する基礎的な理解,能力,態度の育成」「適当な教科・科目で実際に電子計算機を使用させて必要な資質を育成する」ことが掲げられた.

その後,1984（昭和59）年の臨時教育審議会で,情報活用能力が「情報および情報手段を主体的に選択し,活用していくための個人の基礎的な資質」と定義され,小学校,中学校,高等学校ごとにコンピュータ等を利用した学習指導,およびコンピュータなどに関する教育のあり方などが検討された.引き続き,1987（昭和62）年の教育課程審議会答申では「社会の情報化に主体的に対応できる基礎的な資質を養う観点から,情報の理解,選択,処理,創造などに必要な能力およびコンピュータなどの情報手段を活用する能力と態度の育成が図られるように配慮する.なお,その際情報化のもたらす様々な影響についても配慮する」と情報の「影」の部分にまで言及された.

この流れを受け,1989（平成元）年に告示された学習指導要領では,中学

校「技術・家庭科」の一領域として「情報基礎（選択）」が設置された．また，1990（平成 2）年には「情報教育に関する手引き」が刊行され，生活の情報化，地域の情報化とともに，学校教育における情報教育の必要性が謳われた．

　その後，技術の進歩や日常生活の情報化の流れを受け，1998（平成 10）年に小学校・中学校の学習指導要領が，翌 1999（平成 11）年に高等学校の学習指導要領の改訂がそれぞれ告示され，中学校「技術・家庭科」の一領域だった「情報基礎（選択）」が「情報とコンピュータ（必修）」となり，高等学校では教科「情報（必修）」が新設された．あわせて，2002（平成 14）年に「情報教育の実践と学校の情報化〜新『情報教育の手引き』」が刊行された．

　そして，2008（平成 20）年には，学習指導要領の改善に関する答申として，「社会の変化への対応の観点から教科などを横断して改善すべき事項」の一つとして情報教育があげられ，「小・中・高等学校を通じて，各教科などにおいて，コンピュータや情報通信ネットワークの活用，情報モラルに関する指導の充実を図ること」が明言され，同年に小学校・中学校の学習指導要領が，翌 2009（平成 21）年に高等学校の学習指導要領がそれぞれ改訂された．あわせて，「教育の情報化に関する手引き」が刊行された．この手引きでは，初めて「教育の情報化」および「ICT 活用（ICT：コンピュータや情報通信ネットワークなどの情報コミュニケーション技術のこと）」という言葉が使われ，児童・生徒が身につけるべき「情報活用能力」，教員がわかりやすい授業をするための「教育の情報化」，および学校全体としての「校務の効率化」という三つの観点があげられた．

　「情報教育に関する手引き」（1990 年）から「情報教育の実践と学校の情報化〜新『情報教育の手引き』」（2002 年）までは 12 年，そこから「教育の情報化に関する手引き」（2009 年）までは 7 年しかなく，情報技術が教育に与える影響が急激だったといえる．

### 1.2.2　情報科の設置と教員養成

　2000 年を目前にし，パソコンの普及率も 40％近くになり，インターネット網や携帯電話も普及し，情報通信技術により社会，家庭なども大きな変革期であった．

## 1.2 情報科の設置

その中，中央教育審議会第一次答申「21世紀を展望した我が国の教育のあり方について」[1996（平成8）年]において，「生きる力」「ゆとり」教育などと一緒に，「情報教育に関する提言」がされ，「情報教育の体系的な実施」「情報機器，情報通信ネットワークの活用による学校教育の質的改善」「高度情報通信社会に対応する『新しい学校』の構築」「情報化の影の部分への対応」などが謳われた．また同年の情報化の進展に対応した初等中等教育における情報教育の推進等における調査協力者会議第一次報告「体系的な情報教育の実施に向けて」において，情報教育の目標の三つの観点があげられた（2.1節参照）．

教育課程審議会答申[1998（平成10）年]において，「情報化への対応」として，「中学校においては技術・家庭科の中でコンピュータの基礎的な活用技術の習得など情報に関する基礎的な内容を必修とする」「高等学校においては

表 1.2.1 情報科の免許資格を得るための教科専門の内容

| 教職に関する科目 | 教科（情報）に関する科目 | 教科または教職に関する科目 |
|---|---|---|
| 最低20単位 | 最低20単位 | 1種：最低16単位<br>専修：最低40単位（うち大学院課程で24単位） |
| 情報科教育法，生徒指導に関する科目，教育実習など | 1. 情報社会および情報倫理：情報化と社会，著作権などの知的所有権，情報モラル，プライバシーなど<br>2. コンピュータと情報処理（実習含む）：ハードウェア，ソフトウェア，アルゴリズム，プログラミング，計測・制御など<br>3. 情報システム（実習含む）：データベース，情報検索，情報システム設計と管理など<br>4. 情報通信ネットワーク（実習含む）：通信ネットワーク，コミュニケーション，セキュリティなど<br>5. マルチメディア表現と技術（実習含む）：情報メディア，図形処理と画像処理，マルチメディア表現，シミュレーションなど<br>6. 情報と職業：情報化社会の進展と職業，職業倫理を含む職業観と勤労観など | |

教科『情報』を新設し必修とする」ことが明言された．これを受け，1999（平成 11）年に改訂された学習指導要領では，普通教科「情報」と専門教科「情報」が新設され，実習を重視すること，情報モラル教育を行うことが示された．

　新設教科であるため，数学，理科，工業，商業などの教員を対象に，全国で 15 日間程度の「現職教員等講習会」が行われ，情報科の教員免許が交付された．一方，大学での教員養成も進み，2009（平成 21）年 4 月段階ですでに，情報科の免許を取得できる大学は，全国で 320 大学 478 学部 661 学科まで増加した（文部科学省サイトより）．情報科の免許を取得できる学部は多岐にわたり，「情報学部」「経営情報学部」「工学部」「理学部」「商学部」「経済学部」「経営学部」「教育学部」などがある．しかし，どの学部で情報科の免許を取得する場合も，表 1.2.1 に示すように，教科に関する専門の内容を修得する必要がある．

　教員採用試験については，2003（平成 15）年に埼玉県，東京都，奈良県で行われて以降，2014（平成 26）年までに，約 6 割の都道府県で情報科の教員採用試験が実施されている．

### 1.2.3　情報科教育の展開

　2009（平成 21）年の学習指導要領改訂で，普通教科「情報」は，共通教科情報科（高等学校の各学科に共通する教科情報科）と称されるようになった．また，科目構成も，旧教育課程の「情報 A」「情報 B」「情報 C」の 3 科目から，「社会と情報」および「情報の科学」の 2 科目構成へと改訂された．

　「社会と情報」「情報の科学」という科目名に見られるとおり，「情報科」に参画する態度，情報の科学的な見方・考え方を身につける教科である．社会というのはいわゆる「社会科の内容」だけにかぎらず，世の中全般の社会構造，規範意識，倫理や道徳なども含まれる．また，科学的な見方・考え方とは，論理的なものの見方や考え方，計算方法，表現方法などが含まれる．また，そもそも「情報」は「知らせる」という意味をもつ「information」を語源とするため，人に伝える，表現する内容が含まれる．

　このように，「情報科」という科目は，「情報」という一つの基盤をもちながら，各教科につながる，また教科同士をつなげるパイプのような役割ももっているといえよう．

たとえば，科学的な見方・考え方は数学や理科と，社会の中での役割を考える上では公民科，家庭科と，表現する上では国語や外国語などとの連携が考えられる．

また，中学校では，「技術・家庭科」の一領域として「情報とコンピュータ」および各教科や総合的な学習の時間，道徳で，小学校では各教科や総合的な学習の時間，および道徳などで，情報に関する内容は取り扱われる．たとえば，小学校の学習指導要領「総則」では，「各教科等の指導に当たっては，児童がコンピュータや情報通信ネットワークなどの情報手段に慣れ親しみ，コンピュータで文字を入力するなどの基本的な操作や情報モラルを身に付け，適切に活用できるようにするための学習活動を充実する（以下略）」と明記され，小学校からの情報活用の実践力の育成や情報モラルの醸成が行われている．これらの積み上げとして，高等学校「情報科」が成立しているのである．

このように，小学校・中学校からの積み上げ，および高等学校での各教科との連携を考える上で，以下の四つの授業展開パターンを示す[3]．

(1) 情報に関する知識理解，技術に関する学習を中心とした授業

情報社会に参画するにおいても，その仕組みや構造を正確に理解し，その上で対応できる態度を養うべきである．コンピュータ内部の構造，ネットワークの仕組みなど，生徒が苦手意識をもちそうなところこそ，日常生活に例えたり，あえてアナログで説明したりなどの工夫が必要になる．

(2) 因果関係や推論の学習を中心とした授業

情報の科学的な理解では，問題解決のためのモデル化，シミュレーションが重視される．模擬店のお釣りの準備，値段と購買客数の関係など，できるだけ高校生に関係しそうな題材を選び，コイン投げやサイコロなどアナログの方法，表計算ソフトウェアの「乱数」関数の利用などのディジタルの方法でシミュレーションを行うことを理解させる．

(3) 情報モラルの学習を中心とした授業

情報モラルは小学校から醸成すべきであり，児童・生徒の発達段階における道徳観，人間関係などを考慮し，教材を用意するべきである．対面の人間関係だけではなく，ネット上の人間関係も取り扱うべきである．

### (4) 表現・伝達の学習を中心とした授業

情報はそもそも人に伝えるための手段である．誰にわかりやすく伝えるにはどうしたらよいか，具体的な作品をつくったり，表現をしたりしながら検討していくことが大切である．その過程で，グループワークや相互評価などの協調的な活動も必要である．

## 1.3 諸外国での情報科教育

### 1.3.1 情報科教育（改革・推進）の国際動向

諸外国のコンピューティング教育の改革・推進活動において共通してみられる基本認識は，「コンピュータ科学（CS：Computer Science）」は「知識基盤をもつ厳密な原理」であって，コンピュータのハードやソフト，インターネットの活用能力（リテラシー）の育成に加えて「CSの基礎・基本をすべての生徒が習得する」ことが必須であるという点である．しっかりとした原理にもとづく教科として実施されるCS教育は大きな「教育的効用」（思考力，問題解決能力やデジタル技術がユビキタス化した社会の理解など）をもたらすのみならず，「知識基盤社会に生きる力」を身につけた人材を育成することによって国家にとっても大きな「経済的効用」をもたらすことが期待されている．

これらの認識にもとづく取り組みと達成状況は各国で多様なレベルにあるが，以下のようないくつかの課題が共有されている．

- 「厳密な教科原理・内容としてのCS」とその応用技術としての「IT活用」および「情報リテラシー」の区別を明白にすることが必須である．
- コンピューティング教育を初等教育の段階からすべての児童に提供することが重要である（とくにアメリカ，イギリス，インドなど）．
- 「プログラミング教育」は重要であるが，単に特定の言語でプログラムを書ける能力にとどまらずその基盤原理としてのアルゴリズム，データ構造の理解および「計算的思考」（CT：Computational Thinking）の習得がもっとも重要な基礎・基本である．
- 「CS教育」と「IT活用能力の育成」が混同され，CSが数学や理科と並ぶ「主要教科」とみなされるべきとの認識が薄いために，しっかりとしたCS

教育を行うために必要な能力と資格をもっていない教員が担当していることが多い．教員養成課程と現職教員研修の充実が必須である．

(1) IT フルーエンシー

「IT フルーエンシー」の概念は「National Research Council」（NRC：米国研究会議）が前世紀末の 1999 年に発行した提言書[4]に示したものであるが，以降各国の情報教育改革に影響を与えてきた．「情報リテラシー」は従来「コンピュータなどの情報機器やネットワークを活用するために必要な基本的な知識・能力」とみなされており，「操作能力」（skills）が重視されてきたが，提言書では「リテラシーは，現在世間で使われているいくつかの応用ソフトを使う『技能』を意味することが一般的であり，それだけは進歩についていけないし新しいことへ移行できない．常に新しい技術に適応できるように準備しておくべきであって，そのためには学校教育課程を終えてからも新しい技術を修得できるように在学中に基盤事項（fundamental material）を十分に学んでおくことが必要である」と主張し，新たな概念としての「IT フルーエンシー」を満たすためには，それぞれ 10 項目からなる「現代的な技能」，「基盤概念」，「知的能力」の三つの能力群を備えていることが要件であるとした．

a. 現代的な技能（Contemporary Skills）

現在広く普及しているアプリケーションを利用する能力であって，今すぐに IT を活用できるようになる点で職につくための必要条件となっている．この技能はその経験にもとづいて新しい能力を獲得することを可能とするので重要であるが，その具体的内容は技術の進歩に応じて変化していく．

b. 基盤概念（Fundamental Concepts）

コンピュータ，ネットワークおよび情報システムの下支えをしている技術の基盤である基本原理と理念であり，この概念は情報技術に関するどのように（how）？となぜ（why）？の疑問を説明し，その可能性と限界を示唆する．

c. 知的能力（Intellectual Capabilities）

情報技術を複雑で一過性でない問題に適用する能力であって，高次の思考力を必要とする．これを獲得すると情報技術を目的に即した適切な方法で活用し，意図しなかったことや予期しない問題が起こったときにもその事態に対処できる．情報技術に関する抽象的な思考を育成する．

これらの三つの能力群はそれぞれ固有のものであるが，相互に密接に関連しておりどれか一つでも欠けていると「ITフルーエンシー」は実現しないので，三つを総合的に育成する必要がある．この点ではわが国における教科「情報」が「情報活用の実践力」「情報の科学的な理解」「情報社会に参画する態度」の三つをバランスよく育成することを目指しているのと通じるものがあると言えよう．

(2) 計算的思考 (Computational Thinking)

CTはカーネギーメロン大学のJeanette Wingによって2006年に提唱された概念[5]であるが，その後アメリカ・イギリスをはじめ多くの国々における情報教育改革運動に大きな影響を与え，これを具体的にカリキュラムに適用する動きが世界の潮流となっている．CTは「コンピュータ科学者のみならず全ての人が学び活用することができる態度と技能であり，読む・書く・計算するに加えて全ての人が習得すべき技能である」と主張した．アメリカ計算機学会の傘下の「コンピュータ科学教員連合（ACM/CSTA）」と「国際技術教育協会（ISTE）」が共同開発したガイドブックではCTは下記の項目からなる「問題解決の課程」であると解説している．

・コンピュータなどのツールを用いて解決できるように問題を定式化する
・データを論理的に構成し分析する
・データをモデリングやシミュレーションを用いて抽象化して表現する
・アルゴリズム思考により解法を自動化する
・もっとも効率的かつ有効な解法を目指して発見・分析・実装する
・そのような問題解決の過程を幅広い問題に一般化して適用する

また，これらの技能の習得は下記の性格や態度の育成によって可能となる．

・複雑性に自信をもって対応することができる
・難しい問題に粘り強く取り組むことができる
・曖昧さを許容できる
・解が一意的に決まっていない問題に対応することができる
・共通の目的や課題解決の達成に向けて他者とコミュニケーションを取り組む

CTの具体的な要素としてはデータ収集，データ分析，データ表現，問題の

分割（decomposition），抽象化，アルゴリズムとプロシージャ，オートメーション，シミュレーション，並列化（parallelization）の九つがあげられており，それぞれの項目について PK-2, 3-5, 6-8, 9-12 学年の各発達段階に応じた達成目標が設定されている．

## 1.3.2 アメリカにおける情報科教育

よく知られているようにアメリカでは教育は各州の専管事項となっており，全米的に統一された学習指導要領や検定教科書の制度はない．教育制度や内容は各州の教育局の管轄下にある各学校区（school district）が管理運営している．これによる各教科の内容やレベルの地域間格差に対処するために近年数学・理科・英語などの主要（コア）科目については「全州共通コアカリキュラム（Common Core State Standards）」を制定して教育格差を減少させる運動が推進されている．情報教育の分野ではこれに先立って 2003 年に ACM/CSTA が『A Model Curriculum for K-12 Computer Science』を出版し 2011 年に改訂版を『CSTA K-12 Computer Science Standards』[6] として発行した．CSTA はこれにもとづく幼稚園（K）から 12 学年までの統合された「Computer Science」（CS）教育の規準を示しそれにもとづく授業を受ける機会を「すべての児童・生徒与えるべきである」と主張しその実現に向けて幅広い活動を推進している．この提言書では発達段階に応じた三つの「レベル」と教科内容の五つの「ストランド（内容単元）」を組み合わせた授業展開の図表（Scaffolding Chart）を提示している．

(1) 発達段階に応じた三つのレベル

カリキュラムは発達段階に応じた三つのレベルから構成されている．レベル 1 と 2 にはそれぞれのレベルに対応した一つの科目が設定されているが，レベル 3 は A，B，C の三つの段階とそれに対応した科目に分けられている．

①レベル 1（K-6 学年）：CS と私

小学生にテクノロジーの基礎的な技能と「Computational Thinking」の基礎原理を通して CS の基盤原理を紹介する．アクティブラーニング（能動的・主体的な学習），創造性と探求に焦点を置き，独自の教科としてではなく社会科・国語（language arts）・数学・理科などの各教科に埋め込まれた型として実施

する．

②レベル2（6-9学年）：CSとコミュニティ

すでにレベル1でCTに紹介されていることを前提とし，独立した教科として教えるか，レベル1と同様に他教科に埋め込まれた形で教える．問題解決の道具としてCTを活用することを目的とし，プログラミングの原理を問題解決に用いる．

③レベル3（9-12学年）：概念を応用して現実世界における解を創出する

レベル1，2の習得にもとづいてさらに高度なCSの概念を習得しそれらを用いて仮想世界（バーチャル）と現実世界（リアル）の両方の世界におけるデジタル作品などの成果物を開発することを目的とする．現実世界の問題の探求に焦点を絞りCTを解の開発に活用するとともに，協調学習・プロジェクト管理・有効的なコミュニケーションの方法を学ぶ．レベル3は以下の3科目から構成される．

a. レベル3A（9,10学年）：現代世界におけるCS　　生徒のCSの原理と実践の理解を強固にすることにより彼らが情報を得たうえでの選択を行い，どんな職業に進むことになっても適切な情報機器を活用できるようにする．コンピューティングの広汎性とその現代生活のほとんどすべての分野への影響について理解・評価する．仕事や個人の生活でコンピューティング技術を利用するときに行う選択が与える社会的・倫理的影響を理解する．CTを現実世界の問題（解決）に活用することについて明白な理解を得るようにする．

b. レベル3B（10,11学年）：CSの原理　　将来理工系への進学を希望している生徒向けで，アルゴリズムによる問題解決とそれに関連する学習活動を多量に含む．問題解決にあたってどのようにして協働するかを学びその際に協働作業ツール使う．

c. レベル3C（11,12学年）：CSの話題　　選択科目で，高校の最終学年で大学の初年次科目のレベルの科目を学べるAP（Advanced Placement）科目群のひとつの「Computer Science A」（プログラミング重視）および「Computer Science Principles」（2015年現在開発中，2018年度から実施予定），コンピューティングのある一面（facet）について深く学ぶ「プロジェクト科目」，「職業資格修得を目指す科目」の3種から構成されている．

(2) 教科内容の五つのストランド

改訂版ではストランド（科目における教科内容の分類）の概念が導入され下記の5分野があげられている．

Computational Thinking：初版では「ITフルーエンシー」が強調されていたが，改訂版ではCTが重要概念とされ具体的には「データ表現」「アルゴリズム」「問題解決」「モデリングとシミュレーション」「抽象化」「他の分野との関係」の6項目が示されている．

コラボレーション：協働作業・学習を行うためのツールと資源．

コンピューティングの実践とプログラミング：IT資源を活用して学習を行い，具体的な「デジタル作品（artifact）」をつくりだす．

コンピュータと通信装置：「コンピュータ」「故障修理（troubleshooting）」「ネットワーク」「人間とコンピュータ」の4項目があげられている．

コミュニティ，グローバルそして倫理的影響：「責任をある使用（responsible use）」「技術の（社会に）及ぼす影響」「情報の正確さ」「倫理，法律，セキュリティ」「（社会的な）公平さ（Equity）」の5項目があげられている．

### 1.3.3　イギリスにおける情報科教育

(1) カリキュラム改革の背景と経緯

イギリスでは「全国共通カリキュラム」（National Curriculum，わが国の学習指導要領に該当）が国の教育課程基準として1989年から導入され，1995年，2000年の2回にわたって大幅に改訂されてきた．2010年5月に保守党・自由民主党の連立政権が発足するとともに教育の分野でも新たな改革の動きが本格化し教育省は2011年1月に，それを全面的に改訂する計画を公表した．新しいカリキュラムは2014年度9月から導入されたが，それに先立ち各科目のカリキュラムの初版をWeb上に公表し，それに対して得られたパブリックコメントを踏まえて改訂最終版[7]が公表された．この改訂版では従来の「情報科（ICT）」は文書作成や表計算などの「アプリケーションソフト」の活用能力の育成に偏して生徒の情報の「科学的理解」への知的関心や学習意欲を失わせていたとの批判を受け，それまでの「ICT」科目を廃止し新たに「Computing」科目を初等中等教育のすべての生徒に必履修させることが明示されている．

## (2) 発達段階に応じた内容

イギリスでは義務教育期間は発達段階に応じた四つの「キーステージ」に分けられているが，提言書にはそのそれぞれに対応した学習目標が提示されている．

① キーステージ1：5-7才（1-2学年）
- アルゴリズムとその応用の基本的理解と簡単なプログラムの導入
- いくつかの異なるディジタル形式でのデータの蓄積・処理・検索
- オンラインでの安全なコミュニケーション，個人情報の価値と保護

② キーステージ2：7-11才（3-6学年）
- システムの制御とシミュレーション：プログラムの設計と実装
- 順次（実行），条件分枝，反復を用いたプログラミング：各種の入出力
- アルゴリズムの論理的分析：エラーの発見と修正
- インターネットの仕組みの理解と活用：コミュニケーションとコラボレーション
- 検索エンジンの仕組みの理解と有効かつ安全な活用・評価，知的財産権

③ キーステージ3：11-14才（7-9学年）
- 現実の世界の問題解決のモデル化・計算抽象化の設計・利用・評価
- 並び替えと探索：異なるアルゴリズムのトレードオフの評価
- 簡単なブール論理（AND, OR, NOT など）の理解とプログラミングへの活用；検索エンジンの仕組みの理解
- ネットワークでつながったコンピュータの仕組み・構成とその働き
- 命令がどのように蓄積され実行されるかについての理解
- 数値・テキスト・音声・画像などの多様な形式のデータがどのように2進数で表現され処理されるかの理解
- 具体的なユーザが必要とするデータを収集・分析することを含む創造的なプロジェクトの実施
- デジタル情報とコンテンツを知的財産や対象とする聴衆を意識して設計・作成し再利用・改訂・転用する

④ キーステージ4：14-16才（10-11学年）
生徒は情報技術と CS のいろいろな側面について将来高等教育や職業段階で

さらに学ぶことができるように学校で深く学ぶ機会を与えられなければならない．
・CS，デジタルメディア，情報技術に関する知識と活用能力の習得と創造性を発達させる．
・分析力，問題解決力，設計，計算的思考（CT）を発達させ応用する．

これらの内容から読み取れるように，イギリスにおいてもアメリカと同様に初等教育の段階からの「骨太のCS教育」をすべての生徒に習得させ「21世紀型知識基盤社会」を生き抜く力を育成することを目指している．単に従来の情報教育を「改良」するのではく飛躍的な「パラダイム・シフト」が必要であるとして「Shutdown or Restart（再生か，それができなければ廃止）」を標語として掲げて迅速に推進している点は，同様の改革を推進しているカナダ・オーストラリア・ニュージーランドなどの諸国からも注目されている．

**参考・引用文献**
[1] 坂元昂：「これがコンピュータ教育だ」，ぎょうせい（1987）．
[2] 西端律子：高等学校教科『情報』教員養成の実際，情報処理学会誌，Vol.52，No.7（2011），pp.868-873
[3] 岡本敏雄，西野和典：「情報科教育のための指導法と展開例」，実教出版株式会社（2002）．
[4] Committee on Information Technology Literacy, National Research Council: Being Fluent with Information Technology, National Academies Press (1999)
[5] Jeannette Wing: Computational Thinking, CACM (2006), Vol.49, No.3
[6] ACM/CSTA: CSTA K-12 Computer Science Standards (2011)
[7] UK Department for Education: National curriculum in England: computing programmes of study (2013)

# 第2章 情報教育の目標と体系

## 2.1 情報教育の目標

1997（平成9）年10月3日に，情報化の進展に対応した初等中等教育における情報教育の推進等に関する調査研究協力者会議が，体系的な情報教育の実施に向けて「第1次報告」をまとめ，提言を行った．この中で，今後の初等中等教育の段階における情報教育で育成すべき「情報活用能力」の内容を「情報活用の実践力」，「情報の科学的な理解」，「情報社会に参画する態度」の三つの観点にまとめている．

情報化に対応した教育を実践するには，こうした「情報活用能力」を育成するとともに，各教科の学習指導や校務処理における情報手段活用なども推進していく必要がある．

### 2.1.1 情報教育で育成すべき三つの観点

情報教育で育成すべき三つの観点は以下のとおりである[2]．

1）情報活用の実践力

課題や目的に応じて情報手段を適切に活用することを含めて，必要な情報を主体的に収集・判断・表現・処理・創造し，受け手の状況などを踏まえて発信・伝達できる能力．

2）情報の科学的な理解

情報活用の基礎となる情報手段の特性の理解と，情報を適切に扱ったり，自らの情報活用を評価・改善するための基礎的な理論や方法の理解．

3）情報社会に参画する態度

　社会生活の中で情報や情報技術が果たしている役割や及ぼしている影響を理解し，情報モラルの必要性や情報に対する責任について考え，望ましい情報社会の創造に参画しようとする態度．

　ここでいう情報手段は，コンピュータなどの情報機器やインターネットなどの情報通信ネットワークを指す．

## 2.1.2　情報活用の実践力

　情報活用の実践力は，単にコンピュータや情報通信ネットワークなどの情報手段が使えるということではない．コンピュータや情報通信ネットワークなどの情報手段の中から適切な手段を選んで情報を活用することが必要である．場合によっては，コンピュータや情報通信ネットワーク以外の情報手段を使う場合もある．

　情報を活用するには，教員が情報の存在する場所や使用する情報手段を指定することが必要な場合があるが，徐々に児童や生徒に情報源から収集させて，情報や情報手段を主体的に活用させることが必要である．

　情報活用の場面として，小学校中学年程度までは，お絵かきソフトや日本語ワープロソフトなどを使って絵を描いたり，作文を書いたりするなどの表現活動が考えられる．小学校高学年以降は，インターネットを使って調べ学習を行ったり，表計算ソフトなどを活用してデータを定量的に整理・分析・処理して発表用資料としてまとめたりするなど，情報活用のレベルを上げていく活動が考えられる．

## 2.1.3　情報の科学的な理解

　情報の科学的な理解は，単にコンピュータや情報通信ネットワークなどの情報手段の仕組みを理解することだけではない．情報を適切に活用するために必要な基礎的理論や方法を学び，実践することである．情報手段の特性を理解するだけでなく，その特性を知ることによって，適切な情報手段を選択し活用することも意味している．

　また，問題解決の手順と結果の評価，人間の知覚，記憶，思考などについて

の特性，情報を表現するための技法などについても学び実践することが必要である．情報活用の実践力を単なる体験のレベルから，真の実践力，知恵のレベルに高めていくために，情報の科学的な理解が必要である．

　小学校では，情報の科学的な理解を踏まえて，情報の扱い方や機器の操作を体験的に習得させるようにする．中学校以降では，体験と結びつけて情報の科学的な理解の必要性を認識させるようにする．そして，情報手段を主体的に活用させる実践活動を行わせ，その過程や結果を評価させ，活動の改善を促しながら知識を理解し，知恵として定着を図る．科学的な理解の学習場面としては，以下の内容を扱うことが考えられる．

・効果的に情報を伝達するためのマルチメディアの表現法
・事象間の関係を表すための情報の表現法
・文字，数値，画像などのデータを処理・加工するための情報処理の方法
・データを収集し分析するための統計的な見方・考え方やモデル化の方法
・将来予想などのシミュレーション手法
・人間の感覚・知覚や記憶，思考などの認知的特性
・計測・制御技術やインターネットなどの身近な情報技術の仕組み
・情報手段を活用するうえで必要な情報手段の特性

### 2.1.4　情報社会に参画する態度

　情報社会に参画する態度は，情報化が人間や社会に及ぼす影響や，影の影響を克服するための方策を考えさせることで培われる．小学校段階では，影の影響をできるだけ受けないように教員が活用場面を設定し，徐々に学習者の主体的活動に移行し，影の影響や対処法を明示的に指導していくことが必要である．

　学習場面としては，情報技術と生活や産業，コンピュータに依存した社会の問題点，情報モラル・マナー，プライバシー，著作権，サイバー犯罪，コンピュータセキュリティ，マスメディアの社会への影響などが考えられる．

### 2.1.5　三つの能力の関連性

　情報教育の目標の三つの観点は，まったく別々のものではなく，お互いに関連しあっている．三つの観点を相互に関連づけて，バランスよく育てることが

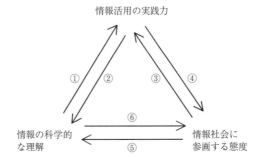

**図 2.1.1 三つの観点の関係**

重要である．
① 情報の科学的な理解が効率的な情報活用の実践につながる．
② 情報活用の実践を多く行い，具体例を豊富にもつことが，情報の科学的な理解を促進する．
③ 情報社会に参画する態度を身に付けることが，適切な情報活用の実践につながる．
④ 情報活用の実践の経験やその反省を通して，情報社会に参画する態度が育成される．
⑤ 情報社会を理解するためには，社会の中で情報や情報技術が果たしている役割を科学的に捉える必要がある．
⑥ 情報の科学的な理解の必要性を認識するには，情報社会におけるいろいろな問題を認識することが動機付けになる．

## 2.2 情報科の改訂

### 2.2.1 学習指導要領の改訂

(1) 21世紀を生きるための主要能力

　21世紀は，新しい知識・情報・技術が政治・経済・文化をはじめ社会のあらゆる領域での活動の基盤として飛躍的に重要性を増す，いわゆる「知識基盤社会」といわれている．21世紀のこの知識基盤社会を生きる子どもたちに求められる主要能力（キー・コンピテンシー）を定めるため，OECD（経済協力

開発機構）はプロジェクト（DeSeCo: Definition and Selection of Competencies）を立ち上げ，2003（平成15）年に最終報告を公表した．それによると主要能力として，「①社会・文化的，技術的ツールを相互作用的に活用する能力（個人と社会との相互関係），②多様な社会グループにおける人間関係形成能力（自己と他者との相互関係），③自律的に行動する能力（個人の自律性と主体性）」がリストされ，中でも①は，「知識や情報を活用する能力」や「テクノロジーを活用する能力」などの能力から成り立っていることが報告された．

　これらの主要能力を測るために15歳の子どもたちを対象にした世界的な調査（PISA: Programme for International Student Assessment）が2000年から開始された．2006年の調査結果では，日本の子どもたちの読解力，数学的リテラシー，科学的リテラシーが低下傾向にあり，たとえば思考力・判断力・表現力などを問う読解力や記述式問題，知識・技能を活用する問題の解答に課題があることなどが判明した．このため，文部科学大臣が中央教育審議会に対して国の教育課程の見直しを要請し，2008（平成20）年1月に「幼稚園，小学校，中学校，高等学校及び特別支援学校の学習指導要領等の改善について」の答申（以下，中央教育審議会答申と記す）が行われ，学習指導要領の改訂の基本的な考え方が示された．

(2)「生きる力」の育成

　一方，2007（平成19）年6月には学校教育法の一部改正がなされ，小・中・高等学校においては「生涯にわたり学習する基盤が培われるよう，基礎的な知識及び技能を習得させるとともに，これらを活用して課題を解決するために必要な思考力，判断力，表現力その他の能力をはぐくみ，主体的に学習に取り組む態度を養うことに，特に意を用いなければならない．」（第30条2項）と定めた．このような学校教育をめぐる状況を受けて，2009（平成21）年3月に，高等学校学習指導要領が公示され，教育課程編成の一般方針が示された．その中で，「生きる力」を育成するために次の三つの教育を求めた [3]．

　①基礎的・基本的な知識および技能を確実に習得させる．
　②課題解決に必要な思考力，判断力，表現力その他の能力をはぐくむ．
　③主体的に学習に取り組む態度を養う．
　答申では，思考力，判断力，表現力をはぐぐむための学習活動として，以下

の6項目を例示した．
①体験から感じ取ったことを表現する．
②事実を正確に理解し伝達する．
③概念・法則・意図などを解釈し，説明したり活用したりする．
④情報を分析・評価し，論述する．
⑤課題について，構想を立て実践し，評価・改善する．
⑥互いの考えを伝え合い，自らの考えや集団の考えを発展させる．

これらの活動を各教科の内容などに意識的に組み入れるように提言するとともに，言語を用いて行うこれらの活動を促進するため，言語活動を一層充実させることを求めた．したがって，情報教育の目標である情報活用能力を育成することは，知識および技能の習得はもちろんのこと，それらを活用する思考力，判断力，表現力を育成するための基盤となり，生きる力を育成するために重要である．

### 2.2.2 共通教科情報科の改訂

中央教育審議会答申においては，教育全体の基本方針が示されるとともに各教科の方針も示された．高等学校の各学科に共通する教科情報科（以下，共通教科情報科と記す）の改善の基本方針および具体的事項は次のとおりである．

改善の基本方針
・情報化の進む社会に積極的に参画することができる能力・態度をはぐくむとともに，情報に関する科学的な見方・考え方を確実に定着させる．
・情報モラル，知的財産の保護，情報安全等に対する実践的態度をはぐくむ．
・より広く，より深く学習することを可能にする内容を重視する．

改善の具体的事項
このような基本方針に加えて，情報教育の目標の三観点をより一層重視しつつ，次のような改善を図ることが求められた．
・情報および情報手段の活用が社会生活を送る上で必要不可欠な基盤であり，これらを活用して高い付加価値を創造することができる人材を育成する．
・情報や情報技術に関する科学的あるいは社会的な見方や考え方について，

より広く，深く学ぶことを可能とするよう科目構成を見直し，「社会と情報」，「情報の科学」の2科目を設ける．

　これらの科目を通じて，情報通信ネットワークやメディアの特性や役割を理解しつつ，適切に活用して情報を創造したり，わかりやすく情報を表現・伝達する活動などを通して，合理的判断力や創造的思考力，問題発見・解決力をはぐくむ教育を重視することが求められている．

### 2.2.3　専門教科情報科の改訂

　中央教育審議会答申において，高等学校の主として専門学科において開設される教科情報科（以下，専門教科情報科という）の改善の基本方針および具体的事項は，次のとおりである．

改善の基本方針
- 専門高校は，引き続き重要な役割を果たすことが求められている．
- 規範意識や倫理観等を醸成し，人間性の涵養などにも配慮した教育を行う．
- 教育内容の精選とともに，新たな教育内容・方法を取り入れる．
- 関係各界・各機関などとの連携強化なども重要な視点である．

改善の具体的事項
- 基礎的な知識，技術および技能の定着を図り，体験的学習を通して実践力を育成する．資格取得や競技会への挑戦等意欲的な学習を通じて，実践力の深化を図るとともに，課題解決力，学ぶ意欲，チャレンジ精神などを育成する．
- 地域産業や地域社会との連携・交流を通じた実践的教育を充実させ，地域産業や地域社会への理解と貢献の意識を深めさせる．
- 職業人として必要な人間性を養うとともに，生命・自然・ものを大切にする心，規範意識，倫理観などを育成する．

## 2.3 情報科の構成

### 2.3.1 共通教科情報科

(1) 目標

共通教科情報科の目標は，次のとおりである[4]．

> 　情報及び情報技術を活用するための知識と技能を習得させ，情報に関する科学的な見方や考え方を養うとともに，社会の中で情報及び情報技術が果たしている役割や影響を理解させ，社会の情報化の進展に主体的に対応できる能力と態度を育てる．

「情報及び情報技術を活用するための知識及び技能を習得させ」

　この目標は，情報教育の目標の三つの観点のうちの「情報活用の実践力」と「情報の科学的な理解」の育成に対応している．情報化社会では，情報および情報技術を適切に活用することにより，知識と技能の習得が容易に行われるとともに，関連する新たな知識と技能の習得につながり，既存の知識と技能が実際に生きて働き実用に結び付いていく．

「情報に関する科学的な見方や考え方を養う」

　この目標は，情報教育の目標の三つの観点のうちの「情報の科学的な理解」の育成に対応している．情報の科学的な見方や考え方を養うことが情報および情報技術の効果的な活用につながり，活用の実践を多く行い具体例を豊富に体験することが，情報の科学的な見方・考え方の育成を促進する．

「社会の中で情報及び情報技術が果たしている役割や影響を理解させ」

　この目標は，情報教育の目標の三つの観点のうちの「情報社会に参画する態度」の育成に対応している．情報通信ネットワーク等を使った犯罪が多発する中，情報通信ネットワーク上のルールやマナー，危険回避，人権侵害，著作権等の知的財産の保護などの情報および情報技術を適切に扱うための知識と技能を習得させる指導について，より一層充実させることが求められている．

「社会の情報化の進展に主体的に対応できる能力と態度を育てる」

　共通教科情報科の最終的な目標は，「社会の情報化の進展に主体的に対応で

きる能力と態度を育てる」ことである．共通教科情報科の指導に当たっては，「主体的に対応できる能力と態度」を，情報社会に積極的に参画するための能力・態度と情報社会の発展に寄与するための能力・態度ととらえている．

これらの能力・態度は，情報活用の実践力，情報の科学的な理解，情報社会に参画する態度をバランスよく育成することで身に付けることができる．

(2) 科目構成

共通教科情報科は，表 2.3.1 に示すように 2 科目で構成されている．「情報 A」については発展的に解消し，「情報の科学的な理解」および「情報社会に参画する態度」に関する内容を重視した基礎的な科目として「情報の科学」と「社会と情報」（いずれも標準単位数は 2 単位）を設けた．

情報の科学的な理解を深める学習を重視した「情報 B」と，情報社会に参画する態度を育成する学習を重視した「情報 C」の内容を柱にして，それぞれ「情報の科学」，「社会と情報」の内容を構成するとともに，各科目に情報手段を積極的に活用する実習を多く取り入れている「情報 A」の内容のうち，義務教育段階では学習しない内容を付加している．また，各科目の学習によって情報活用の実践力および情報モラルに関する内容が共通に，かつ，より実践的に行われるように改善が図られている．

表 2.3.1　学習指導要領改訂に伴う共通教科情報科の科目の整理[4]

| 改訂後（平成 21 年告示） | | 改訂前（平成 11 年告示） | |
| --- | --- | --- | --- |
| 科目名 | 標準単位数 | 科目名 | 標準単位数 |
| 社会と情報 | 2 単位 | 情報 A | 2 単位 |
| 情報の科学 | 2 単位 | 情報 B | 2 単位 |
| | | 情報 C | 2 単位 |

(3) 履修選択

共通教科情報科は，これまでどおり必履修の教科であり，生徒の能力・適性，多様な興味・関心，進路希望などに応じて「社会と情報」および「情報の科学」のうちの 1 科目を選択履修させることにしている．その際，各学校でいずれか一つの科目を指定するのではなく，両方の科目を開設して生徒が主体的にどちらかを選択できるようにすることが望まれている．また，「社会と情報」および「情報の科学」での学習をさらに発展させるため，専門教科情報科の各科目

を履修させることも可能である．

「社会と情報」および「情報の科学」は必履修科目であり，すべての高校生が卒業までに1科目以上を履修する必要がある．農業，工業，商業等の専門学科に在籍する高校生は，「社会と情報」あるいは「情報の科学」の履修と同等の学習成果が期待できるような専門教科の科目があれば，その科目を履修することによって「社会と情報」あるいは「情報の科学」の履修に替えることができる．

### 2.3.2 専門教科情報科
(1) 目標

専門教科情報科の目標は，次のとおりである[4]．

> 情報の各分野に関する基礎的・基本的な知識と技術を習得させ，現代社会における情報の意義や役割を理解させるとともに，情報社会の諸課題を主体的，合理的に，かつ倫理観をもって解決し，情報産業と社会の発展を図る創造的な能力と実践的な態度を育てる．

「情報の各分野に関する基礎的・基本的な知識と技術を習得させ」

専門教科情報科にかかわる各分野の学習を，現代社会を支え，発展させている情報産業の視点でとらえ，将来のスペシャリストとして必要な基礎的・基本的な知識と技術を習得させることを示している．

「現代社会における情報の意義や役割を理解させる」

情報に関する知識と技術は円滑な社会生活を営めるとともに，社会における情報化の進展は情報産業の発展や生活様式などの充実・向上に寄与し，産業構造に変化と，現代社会の改善につながると考えられている．

「情報社会の諸課題を主体的，合理的に，かつ倫理観をもって解決し」

情報社会の諸課題について，進んで取り組み，科学的で論理的な方法で解決できるようにするとともに，社会的責任を負う情報技術者として職業倫理に則り，関係する法令を遵守することの大切さを示している．

「情報産業と社会の発展を図る創造的な能力と実践的な態度を育てる」

専門教科情報科の各分野に関する基礎的・基本的な知識と技術の習得，情報

社会における情報や情報産業の意義や役割の理解および諸課題の解決などにかかわる学習は，情報産業と社会の発展を図ることをねらいとした創造的な能力と実践的な態度を育てることを目指していることを示している．

(2) 科目構成

専門教科情報科は，表 2.3.2 のとおり 13 科目で構成されている[4]．

表 2.3.2　学習指導要領改訂に伴う専門教科情報科の科目の整理

| | |
|---|---|
| 改訂後<br>(平成 21 年) | 情報産業と社会，課題研究，情報の表現と管理，情報と問題解決，情報テクノロジー，アルゴリズムとプログラム，ネットワークシステム，データベース，情報システム実習，情報メディア，情報デザイン，表現メディアの編集と表現，情報コンテンツ実習 |
| 改訂前<br>(平成 11 年) | 情報産業と社会，課題研究，情報と表現，アルゴリズム，ネットワークシステム，情報システムの開発，コンピュータデザイン，図形と画像の処理，マルチメディア表現，モデル化とシミュレーション，情報実習 |

このうち，「情報産業と社会」，「情報の表現と管理」，「情報と問題解決」，「情報テクノロジー」は，基礎的な科目として位置付けられている．

## 2.4　情報教育の体系

### 2.4.1　小・中学校での情報教育

(1) 学習指導要領における情報教育

2008（平成 20）年に改訂された小学校学習指導要領および中学校学習指導要領，さらに 2009（平成 21）年に改訂された高等学校学習指導要領では，冒頭の総則の中で各教科などの指導にあたって，児童・生徒がコンピュータや情報通信ネットワークなどの情報手段を活用できるようにするための学習活動を充実することを求めている．

また，小学校および中学校では，児童・生徒が情報および情報手段を適切に扱うことができるように各教科で指導するとともに，「道徳」の時間において，情報モラルに関する指導に留意することが明示された．

小学校においては，各教科や「総合的な学習の時間」などを通じて，児童が情報手段に慣れ親しみ，文字入力などコンピュータの基本操作を身に付けることが求められている．

> **小学校学習指導要領（第1章総則）**
> 「各教科等の指導に当たっては，児童がコンピュータや情報通信ネットワークなどの情報手段に慣れ親しみ，コンピュータで文字を入力するなどの基本的な操作や情報モラルを身に付け，適切に活用できるようにするための学習活動を充実する」
>
> **中学校学習指導要領（第1章総則）**
> 「各教科等の指導に当たっては，生徒が情報モラルを身に付け，コンピュータや情報通信ネットワークなどの情報手段を適切かつ主体的，積極的に活用できるようにするための学習活動を充実する」
>
> **高等学校学習指導要領（第1章総則）**
> 「各教科等の指導に当たっては，生徒が情報モラルを身に付け，コンピュータや情報通信ネットワークなどの情報手段を適切かつ実践的，主体的に活用できるようにするための学習活動を充実する」

**図 2.4.1　学習指導要領における情報教育の取扱い**

学習指導要領では，小・中・高校の各発達段階に応じて，情報教育を図 2.4.1 のように充実するよう示された．

### (2) 中学校技術・家庭科での情報教育

中学校においては，各教科や「総合的な学習の時間」などを通じて，生徒が情報手段を主体的・積極的に活用するとともに，技術・家庭科の技術分野において情報に関する技術を身に付けることが求められている．1998（平成10）年に改訂された中学校学習指導要領では，図 2.4.2 に示すように，技術分野は「A 技術とものづくり」と「B 情報とコンピュータ」の二つで編成され，「B 情報とコンピュータ」は六つの学習内容で構成されていた．2008 年の改訂では，技術分野「D 情報に関する技術」は A～D の内容のうちの一つになり，その「D 情報に関する技術」の中の学習内容は三つに整理された．

1998 年改訂の学習指導要領で，中学校の技術分野で学習していたコンピュータの基本操作や活用は，2008 年改訂では，小学校で学習するようになった．また，ディジタル作品の設計・制作やプログラムによる計測・制御の学習は選択から必修に変わり，技術分野における情報教育はより高度な内容になった．

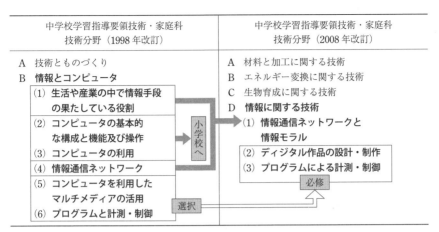

**図 2.4.2　中学校学習指導要領技術・家庭科での情報教育の変遷**

### 2.4.2　初等・中等教育における情報教育の体系

情報教育の目標の3観点（情報活用の実践力，情報の科学的な理解，情報社会に参画する態度）の育成を，小・中・高校の発達段階に応じて，どのように学習していくことになるだろうか．教育体系のイメージを図2.4.3に示す．

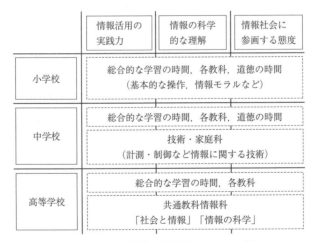

**図 2.4.3　情報教育の体系化のイメージ図**

小学校では，各教科や「総合的な学習の時間」などで，児童が情報手段に慣れ親しみながら情報活用の実践力や情報の科学的な理解の基礎を学ぶ．また，

道徳の時間を含めて情報モラルについても学ぶ．

中学校では，各教科や「総合的な学習の時間」などで，生徒が積極的に情報手段を活用し情報活用の実践力を付けるとともに，技術・家庭科では情報に関する技術，道徳の時間などで情報モラルについて学ぶ．

高校では，各教科や「総合的な学習の時間」などで，生徒が主体的に情報手段を活用するとともに，「社会と情報」および「情報の科学」の授業を通じて情報教育の3観点の学習を充実させる．

「社会と情報」と「情報の科学」は各2単位（標準）である．両科目とも開講する高校は少なく，1科目（2単位）だけ履修して卒業する生徒が多い．中学校の技術・家庭科の技術分野で，「情報に関する技術」を学習する時間は，さらに少ない．今後，情報社会がさらに進展していくなか，情報活用能力の育成は重要な課題であり，共通教科情報科の学習時間の増加が求められる．

### 2.4.3 他教科などとの関係

高校の情報教育の中心は，共通教科情報科が担っていることは間違いない．しかし，学習指導要領では，他教科や「総合的な学習の時間」などにおいても，コンピュータやインターネットなどの情報手段の活用が求められている．情報科の学習を他教科などで活用する際の一例を表 2.4.1 に示す．このように，情報科の学習で得た情報手段に関する科学的な知識や，適切に情報を扱う技術や態度などを，あらゆる教育の機会を通じて発揮することは重要である．

**表 2.4.1 情報科で得た知識や技術を他教科での活用する場面**

| 教科 | 生徒が情報科での学習を活用する内容 |
|---|---|
| 国語 | ・インターネットを活用して，著者や作品の時代背景について調べて纏める．<br>・文章や図表などを正しく引用する方法を学び，著作権を保護する態度を養う． |
| 地理歴史 | ・歴史的な文献をインターネット，新聞，映像などで収集し，集めた情報を分析・吟味して，口頭発表やディベートなどの資料をコンピュータなどを用いて作成する．<br>・ディジタルマップ，衛星写真，地理統計情報を利用して地理的理解を深める． |
| 公民 | ・情報社会の進展について理解し，情報の特質を理解する．<br>・倫理的側面から，情報社会の「光」と「影」についての考察を深める．<br>・社会情報を各種統計，白書，新聞など各種メディアから収集し，情報を判断・選択・整理するなど，主体的に情報を読み解く学習活動を行う． |
| 数学 | ・表計算ソフトなどを利用して課題に応じてデータの統計処理を行う．<br>・関数のグラフを描き，帰納的に関数の特徴を理解する． |
| 理科 | ・物理現象をコンピュータでシミュレーションし，原理や法則を帰納的に理解する．<br>・物理・化学実験で得たデータを表計算で処理し，実験レポートを作成する．<br>・自然観測や公開情報で得た自然のデータをコンピュータで処理し，規則性を導くなど理科的な学習活動を行う． |
| 保健体育 | ・コンピュータなど，情報機器の活用と健康の問題について考える．<br>・コンピュータなどを用いて試合の記録（データや録画）を分析し有益な情報を導出する． |
| 芸術 | ・情報機器を用いて画像や映像を記録・編集し，創造的な表現活動を行う．<br>・音楽，映像，書など著作物の取り扱いについて創作活動を通じて学ぶ． |
| 英語 | ・インターネットを活用して，電子メールやSNS,TV会議システムなどを用いて英語圏の生徒とコミュニケーションを図る． |
| 家庭 | ・コンピュータを用いてレシピを作成する，栄養量を計算するなどの活動を行う． |
| 総合学習 | ・国際理解，環境問題，福祉・健康の課題などについて，情報手段を用いて情報を収集し，整理し，制約条件の中で最適解を求めるような活動を行う． |
| 特別活動 | ・コンピュータやインターネットを活用して校外学習や修学旅行の計画を立案する．<br>・進路情報をインターネットを用いて収集し，進路選択の資料として用いる． |

## 参考文献

[1] 文部省：高等学校学習指導要領解説 情報編，開隆堂出版（2000），pp.15-19
[2] 文部省：体系的な情報教育の実施に向けて（平成9年10月3日）（情報化の進展に対応した初等中等教育における情報教育の推進等に関する調査研究協力者会議「第1次報告」，1997）
[3] 文部科学省：高等学校学習指導要領解説 情報編，開隆堂出版（2010）
[4] 文部科学省：高等学校学習指導要領解説 情報編，開隆堂出版（2010），pp.1-2, p.14, p.41, p.47

# 第3章 「社会と情報」の目的と内容

本章では，共通教科情報科の「社会と情報」について，その科目の目標と内容について，さらに取り上げる内容と主な学習活動について解説する．

## 3.1 「社会と情報」の目標

「社会と情報」の目標は，以下のように示されている．

> 情報の特徴と情報化が社会に及ぼす影響を理解させ，情報機器や情報通信ネットワークなどを適切に活用して情報を収集，処理，表現するとともに効果的にコミュニケーションを行う能力を養い，情報社会に積極的に参画する態度を育てる．

さらに，高等学校学習指導要領解説情報編[1]では，この科目のねらいや目標について，以下のように記載されている．

この科目のねらいは，情報社会に積極的に参画する態度を育てることである．その際，情報を適切に活用し表現する視点から情報の特徴や情報社会の課題について，情報モラルや望ましい情報社会の構築の視点から情報化が社会に及ぼす影響について理解させ，情報機器や情報通信ネットワークなどを適切に活用して情報を収集，処理，表現するとともに効果的にコミュニケーションを行うために必要な基礎的な知識と技能を習得させることもねらいとしている．

「社会と情報」では，共通教科情報科が育成することを目指す「社会の情報化の進展に主体的に対応できる能力と態度」を「情報社会に積極的に参画する能力と態度」ととらえている．この「情報社会に参画する態度」とは，情報社

会に参加し，よりよい情報社会にするための活動に積極的に加わろうとする意欲的な態度のことである．

「情報の特徴と情報化が社会に及ぼす影響を理解させ」

情報化の進展が社会に及ぼす影響や個人の責任などの面から情報社会の特性や在り方を考えさせ，情報通信ネットワーク上のルールやマナー，情報の安全性などに関する基礎的な知識や技能を習得させる．

「情報機器や情報通信ネットワークなどを適切に活用して情報を収集，処理，表現する」

情報とメディアの特徴，情報のディジタル化の仕組み，情報手段の基本的な仕組みなどについて理解させる．

「効果的にコミュニケーションを行う能力を養い」

コミュニケーション手段の発達をその変遷と関連付けながら理解させるとともに，情報通信ネットワークの特性を踏まえ，情報の受発信時に配慮すべき事項などについて理解させる．

なお，この科目の内容は情報社会に参画する態度の育成に重点を置いた構成になっているが，他の二つの観点についても同様に学ぶ内容となっていることに特に留意する．

「社会と情報」の内容については，以下の四つの大項目（単元）からなっている．

1）情報の活用と表現
2）情報通信ネットワークワークとコミュニケーション
3）情報社会の課題とその対策
4）望ましい情報社会の構築

大項目（単元）ごとの目標については各節のはじめに記載する．

## 3.2　情報の活用と表現

「情報の活用と表現」についての目標と内容は以下のようになる[1]．なお，目標については学習指導要領には記載されていない．

> (目標)
> 　情報のもつ特徴やメディアの言葉のもつ多様な意味を理解させるとともに，情報のディジタル化について理解させ，情報機器を効果的に活用し，情報を表現・創造・発信する活動を通して，情報の活用や効果的に表現する方法を習得させる．
>
> (内容)
> 　ア　情報とメディアの特徴
> 　情報機器や情報通信ネットワークなどを適切に活用するために，情報の特徴とメディアの意味を理解させる．
> 　イ　情報のディジタル化
> 　情報のディジタル化の基礎的な知識と技術及び情報機器の特徴と役割を理解させるとともに，ディジタル化された情報が統合的に扱えることを理解させる．
> 　ウ　情報の表現と伝達
> 　情報を分かりやすく表現し効率的に伝達するために，情報機器や素材を適切に選択し利用する方法を習得させる．
>
> (内容の取扱い)
> 　情報の信頼性，信憑性及び著作権などに配慮したコンテンツの作成を通して扱うこと．イについては，標本化や量子化を取り上げ，コンピュータの内部では情報がディジタル化されていることについて扱うこと．ウについては，実習を中心に扱い，生徒同士で相互評価させる活動を取り入れること．

## 3.2.1　情報とメディアの特徴

(1) 取り上げる内容

a. 情報の特徴

　情報の特徴は，身近な例をあげて「もの」の特徴との対比で理解させる．たとえば，情報の特徴として，残存性，複製性，伝播性があげられる．

　残存性とは，「もの」がなくなったとしても，我々人間の記憶に残っている

場合，「情報」として残っている性質のことである．たとえば，伝承，うわさなどである．

複製性とは，簡単に複製できる性質のことであり，情報のディジタル化とともにより正確に，より速く，より大量に複製できるようになった．手書きの写本とコピー機，テープのダビングとファイルのコピーなどの事例があげられる．しかし，いずれもアナログ時代の「コピー」の方が生徒には馴染みがないため，実際に作業させるなどの工夫が必要であろう．

伝播性とは，伝わり広まりやすい性質のことである．インターネットがない時代より，口伝え，回覧板，掲示板のように伝える手段はあったが，ディジタル化された情報はインターネットを通し，世界中に非常に短時間で広めることができるようになった．従来のWebサイトはもちろんのこと，個人が情報発信を行うSNSによる情報拡散も伝播性によるものであることに留意する．

b. メディアの分類

メディアについては，情報メディア，表現メディア，通信メディア，記録メディアに分けて役割を考えさせるとよい．

情報メディアとは，情報を人々に伝えるためのメディアであり，新聞，テレビ，郵便，電話，電子メールなどがある．

表現メディアとは，伝えたい情報を表現するためのメディアであり，文字，音声，画像などがある．

通信メディアとは，情報を物理的に伝達するためのメディアであり，電線，光ファイバケーブルなどの有線回線や，携帯電話などの無線回線，空気，光などがある．

記録メディアとは，情報を記録するためのメディアであり，フラッシュメモリ，ハードディスク，紙などがある．実際にメディアに記載されているデータ容量について確認し，情報量の単位を計算させる学習も考えられる．フロッピーディスクや光磁気ディスク，初期の容量の少ないUSBメモリなどがあると効果的である．

(2) 主な学習活動

a. 情報の特徴

情報の特徴に関する学習では，「伝言ゲーム」のような活動が考えられる．

この活動では，アナログの情報は誤差が生まれやすいこと，一方でディジタル化された情報でも，その信頼性や信憑性については，ほかの情報と組み合わせることによって初めて判断できることを理解させることが重要である．情報の発信者や情報の更新日を確認するなどのほか，SNS内の個人が発信した情報については，信頼性や信憑性が低い情報も混じっていることを実例とともに解説する．その際，新聞や公式Webサイトの発表など，信頼性や信憑性が比較的高い情報と比べるとよい．あわせて，誰でも情報を更新できるサイト（たとえばwikiを使った辞書サイト，ゲーム攻略サイトなど）の情報は，情報の内容が新しく，さまざまな人と知識が共有できる一方，必ずしも正しい情報とは限らないこと，内容が偏らないよう多くの人が関わっていることなども編集履歴などを見せて理解させる．

b．メディアの分類

情報メディア，表現メディア，通信メディアの関連性については，具体的な情報メディアをあげ，表現メディアと通信メディアを考えさせる．

表3.2.1　メディアの組み合わせ例

| 情報メディア | 新聞 | FAX | 電子メール |
| --- | --- | --- | --- |
| 表現メディア | 文字，図表，画像 | 文字，図表，画像 | 文字，図表，画像 |
| 通信メディア | 紙 | 紙，電線，電波 | 電線，電波 |

## 3.2.2　情報のディジタル化

（1）取り上げる内容

情報のディジタル化の基礎的な知識と技術として，2進数による表現，標本化や量子化について理解させる．

（2）主な学習活動

a．2進数による表現

2進数の導入は，図3.2.1のようなカードを使い，点を数える方法などがある[2]．

ディジタル化の導入としては，図3.2.2のような図形のディジタル化がわかりやすく，FAXの原理として，二人一組で実習をさせる活動が考えられる．また，このマス目を細かくすることにより，ある程度滑らかな曲線をもつ図形

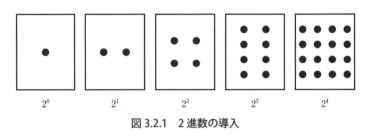

図 3.2.1　2 進数の導入

図 3.2.2　図形のディジタル化

も描くことができる．これにより，データ量や解像度の話につなげることができる．同じ図形でマス目の粗さを変えたり，ディジタルカメラで解像度を変えて同じ映像を撮影した場合のファイルサイズを比較したりするなどの活動を加えるとわかりやすい．

　また，図 3.2.3 のような形では，1 と 0 がある程度連続しているため，ランレングス圧縮（連続する同一記号の列を，列の長さを示す数字で置き換える方式）を用いて，データを圧縮することができる．対象の図形を 90°傾け，データ量を計算させる演習も考えられる．

b. 画像のディジタル化

　カラー画像の場合は，RGB のそれぞれ 8 ビットで対応していることを，画像加工用ソフトウェアなどで確認できる．画像の精度を解像度で表現することが画像の標本化であり，画像の色成分を何段階に分けるかを階調で表現することが画像の量子化である．単元の最後に，ディジタルカメラで撮影した画像や，イメージスキャナで取り込んだ画像を利用し，総合的に演習を行うこともできる．

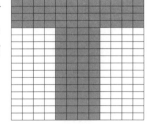

図 3.2.3　圧縮できるデータ

## 3.2.3 情報の表現・伝達の工夫

### (1) 取り上げる内容

コンピュータや情報機器を活用して多様な形態の情報を統合化し，伝えたい情報をわかりやすく表現するために必要な知識と技能を習得させる．情報の信頼性，信憑性の評価，著作権などの知的財産，個人情報やプライバシーなどに十分配慮するとともに，生徒同士で相互評価させる活動を取り入れる．

### (2) 主な学習活動

ポスターや新聞などの紙媒体の掲示とコンピュータを使ったプレゼンテーション，地域の掲示板とネットワーク上への情報のアップロードなど，それぞれの対象や目的，効果を考え，情報機器や情報の表現技法も生徒に選択させる

**表 3.2.2 実習例（文化祭でのクラス展示）**

| | 考えられる学習活動例 |
|---|---|
| 問題の明確化 | KJ法，ブレーンストーミング，ウェビング法 |
| 情報の収集 | 文献や新聞（全国紙と地方紙，一般紙と専門紙），Webサイトの検索，フィールド調査[*1]，インタビュー調査[*1]，質問紙調査 |
| 情報の整理・分析 | 表計算ソフトウェアによる集計・グラフ作成[*2]，画像や音声の取り込み・編集・加工[*3] |
| 解決案の検討・評価 | ポスター，壁新聞など紙媒体，プレゼンテーションソフトウェアによる発表[*4]，クラス内での発表と相互評価[*5] |
| 解決案の実施と反省 | 文化祭での発表・展示，来場者へのアンケート[*1]，当日の記録[*1]，報告書の作成 |

*1 録音・録画する場合は，事前に許可を得る．来場者など他者の肖像権に留意する．不用意に個人情報を集めない．
*2 適切なグラフの形や表示方法を選択する．3D円グラフは手前が大きく見えること，軸の取り方で実際の数字の変化より印象が異なることなどを実習する．
*3 ディジタル化の演習として位置づける．画像にモザイクをかけたり，音声を加工したりなどの実習も行うことができる．
*4 媒体の違いによる発表方法やそれによる印象の違いについて理解させる．たとえば，紙媒体は自筆，実物添付などでアピールできる，プレゼンテーションソフトウエアは動画を見せることができるなどの違いがある．
*5 発表内容と発表方法，発表態度などの項目で相互評価を行う．

活動も考えられる．さらに，3.5.3項「情報社会における問題の解決」における問題解決の学習との関連も配慮する必要がある．表3.2.2に実習例を示す．

なお，できあがった作品（壁新聞，ポスター，チラシ，Webサイト，プレゼンテーション資料など）が，当初の目的や対象と合致しているかどうかの確認も重要である．たとえば，対象が高校生ではなく小学生だった場合，言葉の言い換えやふりがなも必要になる．また，とくにWebサイトの場合は，さまざまな地域の人が読者になる可能性がある．英語科と連携し，英語ページを作成することや，画像にalt属性（代替テキスト）を追加したり，図表の文字の並び方に配慮したりして音声読み上げソフトウェアに対応したページを作成することなどの展開例が考えられる．

## 3.3 情報通信ネットワークとコミュニケーション

「情報通信ネットワークとコミュニケーション」についての目標と内容は，以下のとおりである．なお，目標については学習指導要領には記載されていない．

---

（目標）

　コミュニケーションの手段や通信サービスの特徴，情報通信ネットワークの仕組みや情報セキュリティの確保について理解させるともに，情報通信ネットワークを活用して，情報の受信・発信や効果的なコミュニケーションの方法を習得させる．

（内容）

ア　コミュニケーション手段の発達

　コミュニケーション手段の発達をその変遷と関連付けて理解させるとともに，通信サービスの特徴をコミュニケーションの形態とのかかわりで理解させる．

イ　情報通信ネットワークの仕組み

　情報通信ネットワークの仕組みと情報セキュリティを確保するための方法を理解させる．

### 3.3 情報通信ネットワークとコミュニケーション

ウ 情報通信ネットワークの活用とコミュニケーション
　情報通信ネットワークの特性を踏まえ，効果的なコミュニケーションの方法を習得させるとともに，情報の受信及び発信時に配慮すべき事項を理解させる．
(内容の取扱い)
　イについては，電子メールやウェブサイトなどを取り上げ，これらの信頼性，利便性についても扱うこと．ウについては，実習を中心に扱い，情報の信憑性や著作権への配慮について自己評価させる活動を取り入れること．

## 3.3.1　コミュニケーション手段の発達

(1) 取り上げる内容

　コミュニケーション手段の発達は，社会の変化，生活の変化とともに考えるとわかりやすい．狩猟生活社会，農耕・牧畜社会，産業社会，情報社会と社会の構造が変化するとともに，コミュニケーション手段も変化してきたことに留意する．

　対面のコミュニケーション手段はほとんど変わっていないが，産業社会になると多人数に対応したコミュニケーションや遠隔地とのコミュニケーションが可能になったこと，情報社会になり，一気に多人数・遠隔地コミュニケーションの手段が増えてきたことがわかる（表 3.3.1）．

表 3.3.1　社会の変化とコミュニケーションの変化

|  | 対面 | 多人数 | 遠隔地 | 世代 |
|---|---|---|---|---|
| 狩猟生活社会 | 身振り手振り，音声，言葉 |  |  | 壁画 |
| 農耕・牧畜社会 | 図形，文字，記号 |  |  | パピルスや紙 |
| 産業社会 |  | 印刷 | 電話 | 写真，録音，録画 |
|  |  | ラジオ・テレビ |  |  |
| 情報社会 |  | Webサイト，電子メール，SNS，テレビ電話など，情報通信ネットワーク全般 |  | ディジタルデータ保存 |

## (2) 主な学習活動

通信サービスの特徴については，同期・非同期，1対1や1対多などの軸で分類させる活動が考えられる．また，会議，医療，教育など従来対面で行ってきたコミュニケーションも情報通信ネットワークを利用することにより，遠隔地同士で行うことが可能になった．とくに高等教育において，授業の映像や資料をWebサイトなどで公開することにより，誰でもどこからでも学べるようになったといえる．いくつかの大学の事例をあげながら，遠隔教育の可能性や課題について話し合わせる活動も考えられる．

一方，高校生にとって身近なコミュニケーション手段であるSNSについては，メリットとデメリットを併せ持つことを理解させたい．クチコミサイト，画像共有サイト，質問サイトのように，空間を超えた多人数からの情報が蓄積・共有されることがSNSのメリットである．従来のマスコミから発信された情報と，個人から発信されている情報の違いについて理解させる．たとえば，個人からの情報発信では，地域に根ざした情報やそのときそのときのリアルタイムの情報が期待されるが，その情報の検証がしにくいがために信頼性や信憑性が高いとはいい難いといったことなどである．

また，SNSの利用について，実名の場合だけではなく匿名の場合においても，発言内容や写真などを組み合わせて，個人を特定される危険性があることを，実例をあげながら理解させることが重要である．さらに，個人を特定された場合，発言内容によっては個人情報が晒される被害や処罰の対象になりえることも指摘する必要があるだろう．SNSの利用のマナーやモラルについて，情報を公開している大学のWebサイトを検索する活動も考えられる．

### 3.3.2 情報通信ネットワークの仕組み

## (1) 取り上げる内容

情報通信ネットワークの仕組みについては，ハブやルータ，光ファイバケーブル，LANケーブルなどの実物や図解などを工夫しながらの解説を行う．簡単なアニメーションを利用し，接続の様子やデータの流れを確認するとよい．また，LANケーブルを自作する実習や校内のネットワーク構成図をセキュリティ上問題のない範囲において示すことも考えられる．コンピュータのIPア

ドレスや MAC アドレスを調べたり，同じ教室のコンピュータの IP アドレスや MAC アドレスをそれぞれ比べ，ネットワーク構成との対応を確認したりすることも有効である．

**(2) 主な学習活動**

情報通信ネットワークの仕組みでは，メールサーバと電子メール，Web サーバと Web ブラウザなど，サービスを提供しているサーバ側と我々に見えているクライアント側の双方から図解を行うとよい．電子メールのヘッダ情報を確認すること，Web ブラウザの HTML タグを確認することなどの活動を通し，データの流れや表示される仕組みについて意識させたい．ドメイン名から IP アドレスを調べる活動も考えられる．

パケット通信については，実際に小包（を模したもの）と伝票を用意し，クラスの中で情報伝達の仕組みを実演することも有効である．

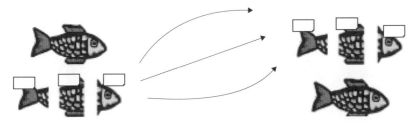

**図 3.3.1 情報伝達の仕組み**

プロトコルについては，会話と電子メールなど，異なったメディアのプロトコルを比較するとわかりやすい．

| 考えをまとめる | 意味を理解する | | 考えをまとめる | 意味を理解する |
|---|---|---|---|---|
| 言葉で表す | 言葉に直す | | 言葉で表す | 言葉に直す |
| 声に出す | 音を聞く | | 文字にする | 文字を見る |
| 伝送方法<br>（空気） | | | 伝送方法<br>（メーラ，コンピュータ，インターネットなど） | |
| 〈会話〉 | | | 〈電子メール〉 | |

**図 3.3.2 会話のプロトコルと電子メールのプロトコル**

情報セキュリティを確保する方法として，暗号化やファイアウォールなどの技術的な側面と，個人識別やパスワード認証などユーザ利用の側面の双方から

考えさせる．暗号化はシーザー暗号を二人一組で解かせたり，パスワードが適切かどうかについて考えさせたりする活動が考えられる．

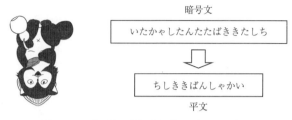

図 3.3.3　暗号化の導入例（たぬきことば）

### 3.3.3　情報通信ネットワークの活用とコミュニケーション

(1) 取り上げる内容

　目的や場面に応じて適切なコミュニケーション手段を選択し，効果的にコミュニケーションを行うために必要な基礎的な知識と技能を習得させる．その際，伝聞や推測，自分の考えが事実として誤って伝わっていないか，他人の著作権などを侵害しないよう適切な引用をしているかなど，情報の信憑性や著作権への配慮など，情報を発信するためのさまざまな活動について自己評価させる活動を取り入れる．

(2) 主な学習活動

　情報通信ネットワークの特性については，たとえば対面店舗での買い物と，インターネット上の店舗での買い物を取り上げ，それぞれの利点と欠点や危険性について，顧客側と販売側の立場の双方からまとめる活動が考えられる（表3.3.2）．また，紙の書籍と電子書籍の比較も例題として取り扱いやすい．

　これらの活動を通し，利点と欠点がトレードオフの関係になっていることに気付かせる．それぞれの欠点や危険性を軽減するためにとられている手法を検討させるなどの発展的活動も含めることが重要である．

　また，効果的なコミュニケーションについては，調べ学習の成果など同じテーマで，

1) 学校に提出する報告書
2) お世話になった地域の方へのお礼に配付するリーフレット

表 3.3.2 対面店舗とインターネット上の店舗の比較（例）

|  |  | 対面店舗 | インターネット上の店舗 |
|---|---|---|---|
| 顧客側 | 利点 | 説明を直接聞くことができる<br>目的以外の商品も見ることができる | 購入履歴を自分で確認できる |
| 顧客側 | 欠点や危険性 | 購入履歴がわかりにくい[*1] | 問い合わせに時間がかかる[*2]<br>目的以外の商品を見つけにくい[*3] |
| 販売側 | 利点 | 顧客の意見や感想を直接聞くことができる<br>顧客との対人コミュニケーションを図ることができる | 時間的・地理的制約を緩和できる |
| 販売側 | 欠点や危険性 | 時間的・地理的制約を受けやすい[*4] | 顧客の意見や感想がわかりにくい[*5]<br>顧客とのコミュニケーションを図りにくい[*5] |

＜欠点の軽減や危険性の回避など＞
*1 メンバーズカードでポイントを貯めたり，履歴を残したりする．
*2「よくある質問と答え」を用意する．
*3 他者の購入履歴や，検索履歴から他の商品もすすめるようにする．
*4 地域にあわせて営業する．
*5 SNSを利用し，顧客とのコミュニケーションを図る．

3) 一般の方に見ていただくためのWebサイト
4) より多くの人に広報するためのSNS利用

など，目的や方法にあわせた情報発信およびコミュニケーションを行う活動が考えられる．自己評価，相互評価を通し，他人の著作権を侵害していないか，信頼性・信憑性の高い情報を発信しているかなど，発信者としての自覚をもたせることが重要である．

## 3.4 情報社会の課題と情報モラル

「情報社会の課題と情報モラル」についての目標と内容は，以下のとおりである．なお，目標については学習指導要領には記載されていない．

（目標）

情報化が社会に及ぼす影響，情報社会の在り方や情報技術の活用について理解させ，情報セキュリティの必要性を認識させるとともに，個人情報や知的財産の保護や個人の責任について理解させ，情報モラルを身につけさせる．

（内容）

ア　情報化が社会に及ぼす影響と課題

情報化が社会に及ぼす影響を理解させるとともに，望ましい情報社会の在り方と情報技術を適切に活用することの必要性を理解させる．

イ　情報セキュリティの確保

個人認証と暗号化などの技術的対策や情報セキュリティポリシーの策定など，情報セキュリティを高めるための様々な方法を理解させる．

ウ　情報社会における法と個人の責任

多くの情報が公開され流通している現状を認識させるとともに，情報を保護することの必要性とそのための法規及び個人の責任を理解させる．

（内容の取扱い）

アについては，望ましい情報社会の在り方と情報技術の適切な活用について生徒が主体的に考え，討議し，発表し合うなどの活動を取り入れること．イについては，情報セキュリティを確保するためには技術的対策と組織的対応とを適切に組み合わせることの重要性についても扱うこと．ウ）については，知的財産や個人情報の保護などについて扱い，情報の収集や発信などの取扱いに当たっては個人の適切な判断が重要であることについても扱うこと．

## 3.4.1 情報化が社会に及ぼす影響と課題

### (1) 取り上げる内容

サイバー犯罪には，コンピュータに関連する詐欺・窃盗・横領，不正アクセス，非合法な情報の売買や公開などがあるが，それらに対する完全な対策はないので，各々が新しい犯罪に対応できる知識と方法を常に身に付けておかなけ

ればならないことを示す．

　たとえば，次に示すような情報化の「光」と「影」の部分について授業で取り上げる．

a. 情報化の「光」の部分

　情報化の進展が社会を発展させ，生活を充実させていることである．具体的な事例は，電子メール，SNS，電子商取引などがある．これらによって時間や場所にとらわれず自由な議論ができるようになった．生活の利便性が向上したことを取り上げる．

b. 情報化の「影」の部分

　サイバー犯罪や情報格差，悪質な書き込み，誹謗・中傷などの問題が生じていることである．具体的な事例は，不正請求，フィッシング，携帯電話依存症，インターネット依存症などがある．

　これらの事項について，生徒が主体的に考え，討議し，発表し合う時間を設けるとよい．情報社会の「影」の部分については，原因や実態，社会などに及ぼす影響について調べさせ，それを改善する方法について互いに発表させる．情報化の進展に伴い，社会や生活がどのように変化してきたのかを生徒に自ら考えさせる．

(2) **主な学習活動**

　情報化の光と影，有害情報と違法情報，インターネットと犯罪，個人情報や知的財産の保護などについて取り扱う．

　個人情報や知的財産を保護するためには，対応する法律を整備するとともに，それを遵守する態度が必要なことを理解させる．そのために，次のような調査学習が考えられる．

　コンピュータやネットワークを悪用したサイバー犯罪の事例を新聞またはインターネットから調査させ，その対処方法を列挙させる．

　コンピュータをはじめとする情報機器が，人の健康に及ぼす影響を理解させる．その際には，たとえば，テクノストレス，ディジタルデバイド，携帯電話依存症，インターネット依存症，オンラインゲーム，SNS疲れなどの事項をグループごとに分担して調査・発表させる．

　ネット上の誹謗・中傷などから個人を守るためには，ルールを定め，マナー

を守る社会のあり方が必要なことを理解させる．そのために，インターネット上でのコミュニケーションツール（電子メール，Webページ，電子掲示板，チャット，SNSなど）を活用する際，守らなければならない心構えについてそれぞれ考えさせる．

### 3.4.2 情報セキュリティの確保

#### (1) 取り上げる内容

情報セキュリティを確保するためには，技術的対策だけではなく，組織的対応を適切に組み合わせることや，利用者に対する啓発活動などを通じた意識の向上が必要であることを理解させる．

情報セキュリティを高めるための方法に関する基礎的な知識，ならびに個人認証，アクセス制御，コンピュータウイルス対策，情報漏洩対策についての技能を習得させる．たとえばコンピュータウイルス対策には，図3.4.1に示すように防御と復旧の機能があることを説明し，図3.4.2に示すように完全に防ぐことができるわけではないことを図解するとよい．

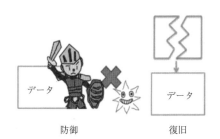

図 3.4.1　ウイルス対策ソフトの機能

ウイルス対策ソフトは，サッカーのキーパーと同様に必ず防ぎ切れるとは限らない．

図 3.4.2　ウイルス対策ソフトの落とし穴

情報技術を用いれば情報セキュリティを高めることが可能であることを理解させるため，代表例として，銀行ATM（Automated Teller Machine：現金自動預け払い機）における生体情報を用いた個人認証を取り上げる．このような個人認証でもずさんな管理によって，個人情報の漏洩，サイバー犯罪による被害が起きていることを補足するとよい．

・情報セキュリティを高めるための技術的対策には，コンピュータをウイルス感染から守り，情報漏えいを防止するコンピュータウイルス対策の技術，定め

られた利用者だけがデータを読んだり変更したりできるアクセス制御の技術などがある．

(2) 主な学習活動

a．情報セキュリティの方策の解説

たとえば，アクセス制御，ファイアウォール，コンピュータウイルス，認証，暗号化，電子認証，フィルタリングなどの情報セキュリティの方策について解説し，それぞれの方策の実施例を画面上で提示する．

b．セキュリティを高める方法の解説

生徒にパスワードを作成させ，パスワード評価ツールなどを用いて，パスワードの複雑さとセキュリティの高さが比例することを確認させる．

情報セキュリティを高めるために技術的対策だけでは不十分であるため，情報社会で実際に起きている問題（たとえば，サイバー犯罪などの具体的な問題や脅威，情報機器の故障や誤動作に伴う問題，情報通信ネットワーク，電子媒体，紙媒体，会話などを通じた情報漏えい）を取り上げ，それらを防ぐための方法を考えさせる．

### 3.4.3　情報社会における法制度と個人の責任

(1) 取り上げる内容

知的財産や個人情報の保護と活用について取り上げ，これらに配慮した法制度，これらを扱う上での個人の責任について理解させ，情報の収集や発信などの取扱いにあたって適切な判断ができるようにする．

地図，図形の著作物は，地図・学術的な図面・図表・設計図・立体模型・地球儀などがあり，コンピュータ・プログラムなどもプログラムの著作物としてあてはめて取り上げる．しかし，著作権法では，一定の例外的な場合に限り，著作権者などに許諾を得ることなく利用できることがある．そのため，著作権の例外規定についても示し，自分の著作物に公表された他人の著作物を引用する方法について理解させる．

インターネットを通じた情報のやりとりを行う際に，相手を確認するための方法として認証局を取り上げ，情報の活用のためにはそれを保護する仕組みが必要であることを理解させる．その際，不正アクセス禁止法，プロバイダ責任

制限法などについて解説する．

(2) 主な学習活動

a. 情報モラルや情報漏えいにおける事件や事故の事例を紹介

著作権・商標権・肖像権の侵害，個人情報の流出，不正アクセスなどにおける事件・事故の事例を紹介し，気を付けなければならない点を認識させる．

b. SNSの投稿における情報モラル・倫理について解説

SNSやオンラインアルバムなど，インターネット上に友人と撮った写真や動画を無断で掲載することは肖像権の侵害にあてはまることを生徒に認識させ，友人といえども，事前に許諾をとる必要があることを理解させる．また，図3.4.3に示すように，SNSでの情報伝達は友人からその友人へと一気に情報が拡散することを認識させる．

c. 個人情報や個人情報保護法について解説

具体的な事例をあげ，個人情報について適切かどうか判断させたり，自分の個人情報の取扱いについて考えさせる．個人情報の流出を防ぐための対策を理解させるとともに，被害者や加害者にならないための方策を考えさせる．

d. 知的財産権の大まかな体系を提示

知的財産権の体系を提示する．そして，産業財産権を構成している，特許権，実用新案権，意匠権，商標権の権利について，具体例をあげて理解させる．その際，発明，考案，デザイン，ロゴマークの具体例を示すとよい．知的財産の

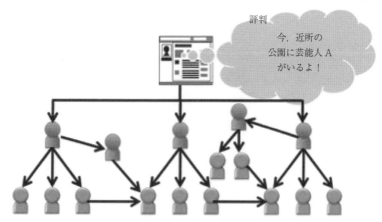

図3.4.3 SNS上での情報の拡散

利用は法律で定められており，それを守ることで権利者の利益を損なうことなく使用が可能になることを理解させる．

著作物を内容別に分類し，それらの具体例を示す．たとえば，言語の著作物は，講演・論文・レポート・作文・小説・脚本・詩歌・俳句などがあてはまる．これらの学習活動を通じて，バランスのとれた情報の公開と保護のために必要な情報モラル，個人の責任について考えさせる．

## 3.5 望ましい情報社会の構築

「望ましい情報社会の構築」についての目標と内容は，以下のとおりである．なお，目標については学習指導要領には記載されていない．

> (目標)
> 　情報システムについて理解をさせるとともに，社会生活の役割と影響を理解させ人間にとって望ましい情報システムの在り方や情報通信ネットワークを利用した意見を集約する方法を認識させ，合理的な判断力や問題を発見・解決する方法を習得させる．
>
> (内容)
> ア　社会における情報システム
> 　情報システムの種類や特徴を理解させるとともに，それらが社会生活に果たす役割と及ぼす影響を理解させる．
> イ　情報システムと人間
> 　人間にとって利用しやすい情報システムの在り方，情報通信ネットワークを活用して様々な意見を提案し集約するための方法について考えさせる．
> ウ　情報社会における問題の解決
> 　情報機器や情報通信ネットワークなどを適切に活用して問題を解決する方法を習得させる．
>
> (内容の取扱い)
> 　望ましい情報社会を構築する上での人間の役割について生徒が主体的に

考え，討議し，発表し合うなどの活動を取り入れること．イについては，生徒に情報システムの改善策などを提案させるなど，様々な意見を提案し集約する活動を取り入れること．

### 3.5.1 社会における情報システム

(1) 取り上げる内容

　交通，防災，産業，行政，教育などの各分野で構築されている情報システムを取り上げ，情報システムの種類，目的や特徴などについて理解させる．また，情報システムの導入が社会生活にどのような影響を与えてきたかを利用者の面から考えさせる．情報システムが社会生活に果たしている役割と及ぼす影響について理解させる．

　取り上げる情報システムとして，身近で利便性が実感できるものを取り上げるとよい．たとえば，高度道路交通システム（ITS：Intelligent Transport Systems），緊急地震速報，銀行のATM，コンビニエンスストアのPOSシステム（Point of Sales system），Webサイトで商品購入ができ，配達状況を把握できるサービス，オンライン端末やWebサイトによるチケット予約，住民基本台帳ネットワークシステム，図書館での本の検索や予約などがある．

(2) 主な学習活動

　日常生活で使われている情報システムの例をあげさせ，それらがどのようなサービスを提供し，私たちの生活にどんな影響を与えているか調べさせる．そして，それらの情報システムの目的や特徴を理解させるとともに障害が発生したときの影響を考えさせる．

　たとえば，Webページで商品を購入するなどの具体的な例をあげ，商店，銀行，クレジット，宅急便，通信などの各会社がどのように連携しているかについて調べさせ，情報システムが互いに連携していることについて理解させる．また，ロボット，CAD，CAMなど，計測・制御や産業に関連するシステムを取り上げ，それらの特性について考えさせる．他にも図3.5.1に示すウェアラブルコンピュータの一例を取り上げ，日常生活における便利な活用方法について考えさせる．

3.5 望ましい情報社会の構築　　57

図 3.5.1　ウェアラブルコンピュータ

　学習活動で取り上げる情報システムとしては，たとえば，銀行のオンラインシステム，図書館システム，e コマース，宅配便システム，チケット予約システム，住宅基本台帳ネットワークシステム，緊急地震速報システム，遠隔医療システム，電子カルテシステムなどがある．

### 3.5.2　情報システムと人間

(1) 取り上げる内容

　情報機器や情報通信ネットワークなどを適切に活用して，問題を解決するために必要な基礎的な知識と技能を習得させることをねらいとしている．情報システムの効用だけでなく，それに伴い発生する可能性のある問題や障害と，その社会的な影響を具体的に考えさせ，情報技術の評価と管理について理解させる．また，危機管理やトレードオフの考え方が必要となることを理解させる．

　情報システムがどんなに進化してもそれを利用するのは人間であり，人間が安全で快適に利用できることを意識した情報システムが必要であることを認識させる．

　人間にとって利用しやすい情報システムのあり方については，より人に優しく効果的なコミュニケーションを実現，より安全で利便性が高い情報システムを構築する技術や方法について，人間とのかかわりを中心に扱う．

(2) 主な学習活動

　身の回りにある情報システムの例を生徒にあげさせ，それぞれの情報システムに記録される個人情報と，それにより受けられるサービスについて意見交換させる．

情報技術を用いてユーザビリティやアクセシビリティを向上させている例をあげる．進歩した情報技術を使えば，システムは人間に優しくなれることを理解させる．そして，社会的合意形成の重要性を認識するとともに，合意形成を行う上で，情報技術が大きな役割を果たすことができることを理解させる．その例として，次に示すような事項を取り上げ，それぞれの方法による特徴を理解させる．さらに情報格差など，起こりうる問題点にも触れるようにする．

・Web サイトを利用したアナウンス
・メールマガジン・メーリングリストでの情報発信
・アンケート調査とその処理
・政府などが行うパブリックコメント
・掲示板や Wiki
・SNS を利用した情報交換や情報共有

### 3.5.3 情報社会における問題の解決

(1) 取り上げる内容

　生徒自身に問題を発見させることが望ましいが，授業の中では，あらかじめテーマを決めておき，それに対する問題の発見を誘導する情報を提供して，生徒に問題点を気付かせる．また，実際に社会で利用されている情報システムの改善について，その利用条件を変えたときにどのような課題を克服する必要が生じるかを考えさせる．問題を明確化することに焦点を当て，それが問題を解決する方法を考える大きな糸口になることも理解させる．

　情報を収集・整理する方法については，次に示す情報源や方法を取り上げる．
　情報の収集：Web サイト，新聞，書籍，ブレーンストーミング，アンケート調査，インタビュー
　情報の整理：得られた情報を関連づけて図解する，表を作成して一覧の形式にまとめる，適切な種類のグラフを作成する，テキストマイニングの手法を利用する

(2) 主な学習活動

　コミュニケーション技術を活用した課題解決学習と社会的な合意形成の必要性を理解させるために，生徒に関心のある社会の中でのテーマを選択させると

ともに，個人やグループ単位で発表・討議させる．ブレーンストーミング，KJ 法などの発想方法や問題解決の方法について理解させる．この課題解決学習では，図 3.5.2 のような一連の学習活動を通して，情報やメディア，コンピュータ，情報通信ネットワークの統合的な活用を行わせる．

**図 3.5.2　課題解決学習の流れ**

問題発見について重視し，情報の学習が，生活や社会における問題解決に活用できることを理解させる．具体的な例としては，

・自分たちの著作物利用上での問題発見と改善案の提案
・情報技術を利用するための自分たちのルール（簡単なポリシー）づくり
・未来の情報安全システムの考案
・人に優しい未来の身近な情報機器の考案

などがあげられる．

単に収集した情報を発信するだけでなく，分析を十分に行うとともに，生徒の意見や提案，発表や討議が望ましい．これらの課題解決の中で，データの収集と処理の手法やアンケート処理（統計手法）などの手法について理解させる．

## 参考文献

［1］文部省：高等学校学習指導要領解説 情報編，開隆堂出版（2000）
［2］Tim Bell, Ian H.Witten, Mike Fellows 著，兼宗進 訳：コンピュータを使わない情報教育アンプラグドコンピュータサイエンス，イーテキスト研究所（2007）
［3］東京大学 iii online: http://iiionline.iii.u-tokyo.ac.jp/
［4］スタンフォード大学と（株）Google：https://www.udacity.com/
［5］岡本敏雄，山極隆 監修：最新 社会と情報，実教出版（2013）
［6］岡本敏雄，山極隆 監修：高校 社会と情報，実教出版（2013）
［7］実教出版編集部：事例でわかる 情報モラル，実教出版（2013）
［8］情報教育学研究会（IEC）・情報倫理教育研究グループ：インターネットの光と影 Ver.5，インターネット社会を生きるための情報倫理，実教出版（2013）

# 第4章 「情報の科学」の目的と内容

本章では，共通教科情報科のもう一つの科目である「情報の科学」について，その科目の目的と内容を解説する．

## 4.1 「情報の科学」の目標

「情報の科学」の目標は以下のように示されている．

> 情報社会を支える情報技術の役割や影響を理解させるとともに，情報と情報技術を問題の発見と解決に効果的に活用するための科学的な考え方を習得させ，情報社会の発展に主体的に寄与する能力と態度を育てる．

さらに高等学校学習指導要領解説情報編[1]では，この科目のねらいや目標について，以下のように記載されている．

この科目のねらいは，情報社会の発展に主体的に寄与する能力と態度を育てることである．その際，情報技術の面から情報社会を考えさせたり，情報社会を進展させるために社会のニーズに対応した情報技術の開発や改善が必要であることを考えさせたりするなどして，情報社会を支える情報技術の役割や影響を理解させ，情報と情報技術に関する基礎的な知識と技能の習得を通して問題の発見と解決に効果的に活用するための科学的な考え方を習得させることもねらいとしている．

「情報の科学」では，共通教科情報科が育成することを目指す「社会の情報化の進展に主体的に対応できる能力と態度」を「情報社会の発展に主体的に寄

与する能力と態度」ととらえている．この「情報社会の発展に寄与する能力と態度」とは，情報社会の発展に役立つことを自ら進んで行い，よりよい情報社会にするために貢献できる能力・態度のことである．

「情報社会を支える情報技術の役割や影響を理解させ」

情報技術の面から情報社会の特性や在り方を考えさせ，ルール，マナー，情報の安全性などに関する基礎的な知識と技能を習得させるとともに，社会の情報化や情報技術の進歩が人間や社会に及ぼす影響を理解させる．

「情報と情報技術を問題の発見と解決に効果的に活用する」

情報手段の基本的な仕組みを理解させるとともに，提供されるさまざまなサービスを活用できるようにするための基礎的な知識と技能を習得させる．また，アルゴリズムを用いた表現方法の習得，コンピュータによる自動処理の有効性の理解，モデル化とシミュレーションの考え方の問題解決への活用，データベースの活用などに必要な基礎的な知識と技能を問題解決との関わりの中で習得させる．

この科目の内容は情報の科学的な理解の育成に重点を置いた構成になっているが，他の二つの観点である，情報活用の実践力と情報社会に参画する態度についても学ぶ内容となっていることに特に留意する必要がある．

なお，「情報の科学」の内容については，以下の四つの大項目（単元）からなっている．大項目（単元）ごとの目標については各部のはじめに記載する．

1) コンピュータと情報通信ネットワーク
2) 問題解決とコンピュータの活用
3) 情報の管理と問題解決
4) 情報技術の進展と情報モラル

## 4.2 コンピュータと情報通信ネットワーク

「コンピュータと情報通信ネットワーク」についての目標と内容は，以下のとおりである[1]．なお，目標については学習指導要領には記載されていない．

（目標）
　コンピュータと情報の処理，情報通信ネットワークの仕組みに関する基礎的な知識と技能を習得させること，および情報システムの働きと提供するサービスに関する基礎的な内容を理解させ，それらの利用の在り方や社会生活に果たす役割と及ぼす影響を考えさせる．

（内容）
ア　コンピュータと情報の処理
　コンピュータにおいて，情報が処理される仕組みや表現される方法を理解させる．
イ　情報通信ネットワークの仕組み
　情報通信ネットワークの構成要素，プロトコルの役割，情報通信の仕組み及び情報セキュリティを確保するための方法を理解させる．
ウ　情報システムの働きと提供するサービス
　情報システムとサービスについて，情報の流れや処理の仕組みと関連付けながら理解させ，それらの利用の在り方や社会生活に果たす役割と及ぼす影響を考えさせる．

（内容の取扱い）
　アについては，標本化や量子化などについて扱うこと．イについては，情報のやり取りを図を用いて説明するなどして，情報通信ネットワークやプロトコルの仕組みを理解させることを重視すること．ウについては，情報システムが提供するサービスが生活に与えている変化について扱うこと．

## 4.2.1　コンピュータと情報の処理

(1) 取り上げる内容

　ここで取り上げる主な内容を以下に示す．

a. コンピュータにおける情報処理

　たとえば，電卓やアプリケーションソフトウェアなどのもつ機能がコン

ピュータにおける基本的な機能で実現されていることは，その一例である．コンピュータ内部では命令がステップ単位で操作されており，処理手順の明確化や命令の記述方法の定義が必要であることも理解させる．

b. 情報のディジタル化

連続した値の変化であるアナログデータは，標本化（サンプリング），量子化，符号化という一連の手続きによりディジタル化することができる．ディジタル化すると，情報を劣化させずにさまざまな情報を統合したり，大量の情報を効率的に伝送したりできることを理解させる．具体的にはディジタル化された情報の保存形式とファイルサイズの違いを比較したり，色数や解像度の違いがファイルサイズや画質に及ぼす影響を比較したりして，保存する際の設定による影響の違いを体験的に理解させる．音声や音楽についても同様のことをすると理解が深まる．

c. 文字情報の処理

文字の情報については，さまざまな文字体系があることを，実際にエンコーディング，デコーディングの方法を切り替えることを通して理解させる．多くの文字コードが存在する理由，文字をディジタル化された情報として扱うためのさまざまな工夫について理解を深めることも考えられる．

d. 情報量の単位

データ量の単位については，1 bit が「ある」か「ない」かを表す情報の最小量を表す単位であるというように，具体的に例を示して理解させる．

e. 周辺機器とネットワーク

コンピュータに周辺機器を接続して機能を追加したり，情報通信ネットワークに接続したりすることで，社会生活における利便性の向上につながっていることについても理解させる．プリンタや Web カメラの接続，ファイル交換や電子メールの送受信など具体的な例をあげるとよい．

(2) 主な学習活動

a. 文字体系を体験する学習活動

コンピュータでは，文字は文字コードで扱われている．文字コードが同じでも文字体系が異なれば，表示は異なるものとなる．これを実感するには，図 4.2.1 のように日本語の文字列が表示されている Web ページの文字体系を任意の外

国語の文字体系に変更してみるとよい．図は，日本語の文字体系で表示されている正常な表示を，キリル語の文字体系に変更したものであり，全く異なる表示になっている．このようになるのは全角文字のみであり，半角英数字の文字体系は世界共通であるので，文字体系を変えても表示は変わらない．

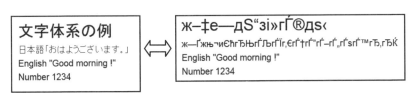

図 4.2.1　文字コードの変換

b．多様な情報の統合を体験する学習活動

　ディジタル化することですべての情報を0と1で表すことができ，多様な情報を統合することが可能になる．「This is a pen.」というテキストが書かれたテキストファイルをバイナリエディタで読むことで，これを実感することができる．さらにこのソフトで音声ファイルや画像ファイル，動画ファイルを開くことで，これらも0と1で格納されていることがわかり，ディジタル化によりすべての情報が統合可能になることが実感できる．

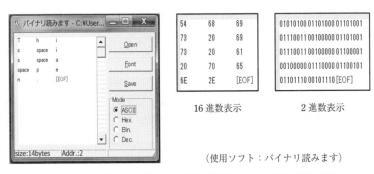

（使用ソフト：バイナリ読みます）

図 4.2.2　バイナリエディタによるテキストファイルの読み込み

## 4.2.2　情報通信ネットワークの仕組み

（1）取り上げる内容

　ここで取り上げる主な内容を以下に示す．

a. 情報通信ネットワークを構成する機器

　それぞれの機器について情報のやりとりの模式図を示したり，実際の機器を接続させたりするなどして体験的に理解させる．

b. 情報通信ネットワークの接続形態

　コンピュータを接続する形態の例として，スター型，バス型，網目型などを取り上げ，それぞれの特徴を構成図で示すなどして理解させる．

c. 情報通信ネットワークとプロトコル

　情報通信ネットワークでは，通信プロトコルに従うことで初めて情報通信ネットワークとして機能することを理解させる．

d. 情報通信ネットワーク上でのサービスの仕組み

　サービスの働きを示す模式図やプロトコルの階層図を用いながら電子メール送受信の仕組み，Webページを閲覧する仕組みなど，具体的な情報通信ネットワーク上でのサービスの仕組みを説明する．プロトコルとしては，DNS，SMTP，POP，HTTPなどをあげる．その際，正確で効率のよい通信のためにプロトコルが重要な役割を果たしていることを理解させる．

e. 情報通信ネットワークにおける情報セキュリティ

　情報通信ネットワークの仕組みの中で情報セキュリティを確保することの重要性に気付かせ，さらに個人認証や情報の暗号化などが必要となることや，それらの技術で実現されている工夫を理解させる．

(2) 主な学習活動

a. ハブにパソコンを接続し，動作確認を行う学習活動

　情報室のパソコンのネットワークケーブルをはずし，4人一組程度でハブとLANケーブルを与え，これを接続させる．接続したら

　　・ipconfigなどのコマンドで各自のIPアドレスが表示されること
　　・pingなどのコマンドで相互に接続されていること
　　・LANケーブルを抜いてpingが到達しないこと
　　・ハブを校内LANにつなぐことでサーバやインターネットとの可能になること

を確認させる．

　このようにして，ネットワークを構成する機器，IPアドレス，LANケーブ

ルなどの役割を確かめるとともに，実際に接続してインターネットが使用できるようにする．

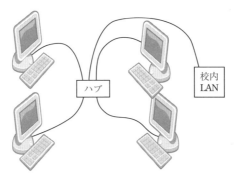

**図 4.2.3　ハブと校内 LAN**

b.　セキュリティの高いパスワードをつくる学習活動

　インターネット上にはパスワードの強度を判定する Web ページがいくつかある．これを利用することにより，セキュリティの高いパスワードを体験的に生徒につくらせることができる．このような学習を行うとパスワードのみでのセキュリティの限界もわかってくるので，他の方法の併用が必要なことが理解される．バイオメトリクスなど，他の方法について調べさせてみるとよい．

### 4.2.3　情報システムの働きと提供するサービス

(1) 取り上げる内容

　ここで取り上げる主な内容を以下に示す．

a.　身近な情報システムの仕組み

　身近な情報システムにより提供されるサービスについて，情報の流れや処理の仕組みと関連づけながら理解させる．その際，利用者が提供する情報，提供された情報の処理，それによって受ける利便性を理解させる．

　生徒が興味や関心をもつ情報システムについて調べ学習をさせる活動も取り入れる．この際，消費者や事業者，システムの運用管理者などのそれぞれの立場からシステムの役割をとらえ，サービス利用時の工夫の仕方などを考えさせるといった学習活動も考えられる．

b. 情報システムにおける個人情報

　情報システムおよびそれにより提供されるサービスを利用する場合に，個人情報の取扱いについてどのような点に注意すべきかを考えさせる．また，個人情報だけでなく，本人と家族の病歴や行動履歴などの他人に知られたくない情報や，商品の購買履歴や商品に対するコメントといった企業活動などに関わる情報などについても同様な危険性があることも示す．

c. 情報システムと安全に利用するための工夫

　ますます進展する情報技術を適切に活用するために，我々に求められる能力や態度について考えさせる．たとえば，日常生活の中で活用されている情報システムの現状を理解し，新しい技術や情報システムの利用方法などを討論する活動を通して，情報システムにより提供されるサービスを主体的に活用していく能力や態度が求められることを具体的に認識させる．

(2) 主な学習活動

a. 情報システムとサービスを調べ発表する学習活動

　まず，身近な情報サービスを生徒にあげさせる．情報サービスの数が10個程度に達したら4人一組程度で，あげられた情報サービスを選び，その仕組みとやりとりされるデータをまとめさせる．発表は情報システムの全体像を模造紙などに書かせ，それを提示しながら説明させるようにするとよい．

**図 4.2.4　身近な情報サービスの調べ学習**

b. 情報システムに蓄積される個人情報を考えさせる学習活動

　ビデオレンタルカード，カラオケの会員カード，ポイントカード，ショップのカードなど具体的な項目を載せたワークシートを作成し，そこに蓄積される

個人情報を生徒に書かせてから発表させる．可能であればワークシートではなく，授業用 Web ページに書き込むようにさせれば，情報機器を使ったコミュニケーションを行いながら，授業時間も節約することができる．なお，複数の業種にわたるポイントサービスは，システムが若干複雑である．これらは配当時間数や学校および生徒の状況に応じて扱うようにする．

「情報システムに蓄積される個人情報」といった抽象的なものでは，生徒は考えにくいので，できるだけ具体的なものについて書かせるようにする．対象はオンラインゲームで蓄積される個人情報や，会員制ポータルサイトに蓄積される情報など，オンラインのものも含めた方がよい．

## 4.3 問題解決とコンピュータの活用

「問題解決とコンピュータ」についての目標と内容は，以下のとおりである[1]．なお，目標については学習指導要領には記載されていない．

（目標）
　問題の発見，明確化，分析及び解決などの問題解決の基本的な考え方を理解させ，問題解決の処理手順の自動化，モデル化とシミュレーション関する基礎的な知識と技能を習得させ，問題解決の目的や状況に応じてこれらの方法を適切に選択することの重要性を理解させる．
（内容）
ア　問題解決の基本的な考え方
　問題の発見，明確化，分析及び解決の方法を習得させ，問題解決の目的や状況に応じてこれらの方法を適切に選択することの重要性を考えさせる．
イ　問題の解決と処理手順の自動化
　問題の解法をアルゴリズムを用いて表現する方法を習得させ，コンピュータによる処理手順の自動実行の有用性を理解させる．
ウ　モデル化とシミュレーション
　モデル化とシミュレーションの考え方や方法を理解させ，実際の問題解

決に活用できるようにする．
(内容の取扱い)
　アについては，生徒に複数の解決策を考えさせ，目的と状況に応じて解決策を選択させる活動を取り入れること．イ及びウについては，学校や生徒の実態に応じて，適切なアプリケーションソフトウェアやプログラム言語を選択すること．指導に当たっては，4.4節との関連に配慮する．

### 4.3.1 問題解決の基本的な考え方

(1) 取り上げる内容

ここでは，取り上げる内容を段階ごとに分けて示す．

a.「問題の発見」の段階

　生徒の身の回りから発見した具体的な問題を記述させるなどして，問題を明確化させる．記述することによって問題を的確に分析し，検討し，解決するために必要な問題に対する理解を深めることができる．他者の視点や見落としがちな観点から問題を発見させるためにはロールプレイなどの活動を取り入れることも考えられる．

b.「問題の分析」の段階

　ここでは，問題を解決するために必要な情報を収集し，整理することが大切である．そのために，情報の関連性を図示する方法や，数値データを統計的に処理するために必要な基礎的な知識と技能を習得させる．分析にあたっては，問題の解決方法と関連づけながら分析方法を選択するように指導する．

c.「解決方法の考案」の段階

　問題を解決するためのさまざまな方法を主体的に見いだすことが大切である．その際，ブレーンストーミングやKJ法，図解など複数の方法を体験させ，課題に応じて選択したり組み合わせたりできるようにしておくとよい．

d.「解決方法の選択」の段階

　複数の解決方法について，与えられた条件で最適なものを選択させる．その際，それぞれの解決法の長所と短所を一覧表にまとめたり，数値化して比較したりするなどの学習活動を行わせる．条件によっては，解決方法が実施不能な

場合もあることに気付かせる．

e.「振り返り」の段階

各段階において行った検討，出てきた意見などを記録し，後から問題解決の過程全体を振り返ることができるようにする．

(2) 主な学習活動

a. 問題を発見する学習活動

生徒の身の回りから具体的な問題を発見させるには，学校生活という広い対象ではなく，授業，学習，部活動，校則など，ある程度限定した範囲から問題を発見するように指導する．発見した問題について生徒，教員，校長，保護者，地域の人，総理大臣などになったつもりで考えさせる．このようにして問題とは，理想とする状態と現状とのずれであり，立場によってその捉え方が違うことを体験的に理解させる．身近なところから問題点を発見することができるようになってから，大きな対象についての問題を考えさせるようにする．

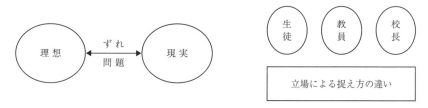

図 4.3.1　問題を発見する学習活動

b. 解決方法を考案し評価する学習活動

問題の解決には，アイデアを出し，それを収束させ，より適格な解を選択するというステップが必要である．アイデアを出すにはブレーンストーミング，収束させるには KJ 法，より適格な解を出すには数値的評価などの手法がある．実際に生徒に行わせるには，それぞれの手法の説明を事前に行う必要がある．また，「多様な解決方法」という曖昧な指示ではなく，「3 種類以上の解決方法」など具体的な指示が有効である．

図 4.3.2　段階的な解決方法

評価については，項目を定めて行う．項目の優先順を決め，優先順の高い項目には点数を多く割り振るなどすれば，実用的な評価に近づく．優先順を変えれば，評価結果が異なることも体験させる．

### 4.3.2 問題の解決と処理手順の自動化

#### (1) 取り上げる内容
ここで取り上げる主な内容を以下に示す．

a. アルゴリズムでの表現

アルゴリズムで表現するには，「カレーライスを作る」，「クラス委員を選出する」など日常生活における手順を書き出すところから始める方法がある．これをフローチャートなどの流れ図にすることで，手順をわかりやすく伝えることができる．さらに順次，選択，繰返しといったアルゴリズムの基本構造の役割を理解させることで，それらを組み合わせた複雑なアルゴリズムを表現できるようになる．同時に変数と定数の違い，変数を用いた演算や代入なども理解させる．

b. 処理手順の自動実行

処理手順の自動実行については，適切なアルゴリズムでコンピュータに自動実行させることによって，処理手順を誤りなく繰返し使用することができるなどの有用性について考えさせる．その際，生徒の実態などに応じて，適切なアプリケーションソフトウェアやプログラム言語を用いることが必要である．たとえば，複数変数間での値の交換や，条件に応じて分岐させた処理などの基本的で簡単なアルゴリズムを生徒に表現させ，それを自動実行させるなどの体験的な学習活動などが考えられる．

また，処理手順の簡単な変更を行うだけで処理結果に違いが出たり，少しでも処理手順に誤りがあると想定どおりの結果が出なかったり，処理時間に大きな違いが生じたりすることも理解させる．

#### (2) 主な学習活動
a. 日常生活のアルゴリズムを記述する学習活動

朝起きてから家を出るまでの行動を箇条書きで書き起こさせる．朝起きて，着替えをして，朝ご飯を食べて歯を磨くなど，ほとんどの行動を順次処理のア

ルゴリズムとして記述させる．歯磨きなどは「歯がきれいになるまで」という条件判断を伴った繰返し処理である．箇条書きができたら，これをフローチャートで表現させてみる．

このようにアルゴリズムやフローチャートが身近なものであると感じる活動を最初に行っておくと，以後の学習がスムーズに進む．

**b．プログラミング言語を用いた学習活動**

細かな動作を規定したり，本格的にプログラミングを行ったりするには，そのためにつくられた環境が必要である．全員がプログラマーになるわけではないが，プログラムやプログラムで実現可能になることを知っておく

```
Sub 文字列並べかえ()
Dim a(6), b(6) As Integer
Dim i, j, wk As Integer
For i = 1 To 6
 a(i) = Cells(i, 1).Value
 b(i) = Asc(Cells(i, 1).Value)
Next i
For i = 5 To 1 Step -1
 For j = 1 To i
  If b(j) > b(j + 1) Then
   wk = b(j)
   b(j) = b(j + 1)
   b(j + 1) = wk
   wk = a(j)
   a(j) = a(j + 1)
   a(j + 1) = wk
  End If
 Next j
Next i
For i = 1 To 6
 Cells(i, 2).Value = a(i)
Next i
End Sub
```

**図 4.3.3　VBA によるプログラミング例**

ことは必要である．

図 4.3.3 は文字列を文字コードに従って並べ替えるプログラムである．一部を変更することで降順にも昇順にも変更することができる．このような学習をすれば，普段使っているコンピュータの機能の裏側にはこのようなプログラムがあることも理解できる．

### 4.3.3　モデル化とシミュレーション

**(1) 取り上げる内容**

ここで取り上げる主な内容を以下に示す．

**a．モデル化**

問題を抽象化してモデルをつくるという手法により，問題の分析がしやすくなること，シミュレーションなどの手法が適用できるようになること，問題解決が行いやすくなることなどを理解させる．その際，すでに確立されている定型的なモデルを知識として理解させることだけで終わらないように留意する．

**b．シミュレーション**

コンピュータを用いたシミュレーションの特性や活用上の留意点について学ぶ．問題解決のどのような場面でどのように活用すれば，コンピュータを用い

たシミュレーションが有効かについても理解させる．

c．コンピュータでの問題解決

　モデル化とシミュレーションにもとづいてコンピュータで問題を解決する具体例を体験させるようにする．その際，問題をコンピュータで解く場合には，問題を省略したり抽象化したりすることでアルゴリズムやシミュレーションの適用が可能になるが，その影響で解が不正確になる場合もあることを理解させる．

　問題解決を適切に行うための有効な手段としてモデル化とシミュレーションを取り扱うことが大切である．シミュレーションを行うことが目的とならないように留意したい．

(2) 主な学習活動

a．交通機関をモデル化する学習活動

　冷蔵庫やエアコンなどの機械や日常生活における人間の動作を紙の上でモデル化してみる活動は，モデル化を学習する上で重要である．

　たとえば仙台から金沢まで行くときの鉄道経路を書かせてみる（図 4.3.4）．この単純な図は，現実の路線図とは似ても似つかない．しかし，これで鉄道の切符を買うには困らないし，実際に仙台から金沢に行くこともできる．このようにモデル化とは，目的に応じて不必要な部分をそぎ落としたものであることを理解させる．

図 4.3.4　交通順序のモデル化

b．オートエアコンをモデル化する学習活動

　オートエアコンは，気温に応じて暖房，送風，冷房を自動的に切り替える．切り替える温度を 18℃ と 28℃ としてオートエアコンをモデル化させる．このように複雑そうに見える動作もモデル化すると単純な構造であることが理解される．切り替える温度を変えることでエアコンの動作を制御することが可能になる．

**図 4.3.5　オートエアコンのモデル化**

物事をモデル化するには，まず紙の上で行うようにするとアプリケーションの操作や，その他のわずらわしいことに悩まされずモデル化の本質を理解させることができる．

## 4.4　情報の管理と問題解決

「情報の管理と問題解決」についての目標と内容は，以下のとおりである[1]．なお，目標については学習指導要領には記載されていない．

(目標)
　情報通信ネットワークと問題解決，情報の蓄積・管理とデータベースに関する基礎的な知識と技能を習得するとともに，問題解決の過程と結果について評価し，改善することの意義や重要性を理解させる．
(内容)
ア　情報通信ネットワークと問題解決
　問題解決における情報通信ネットワークの活用方法を習得させ，情報を共有することの有用性を理解させる．
イ　情報の蓄積・管理とデータベース
　情報を蓄積し管理・検索するためのデータベースの概念を理解させ，問題解決にデータベースを活用できるようにする．
ウ　問題解決の評価と改善
　問題解決の過程と結果について評価し，改善することの意義や重要性を理解させる．
(内容の取扱い)
　実際に処理又は創出した情報について生徒に評価させる活動を取り入れること．アについては，学校や生徒の実態に応じて，適切なアプリケーショ

> ンソフトウェアや情報通信ネットワークを選択すること．イについては，簡単なデータベースを作成する活動を取り入れ，情報が喪失した際のリスクについて扱うこと．特にここでは 4.2，4.3 節で取り上げた内容や 4.5 節で取り上げる内容が含まれるので，これらとの関連にも配慮する．

### 4.4.1 情報通信ネットワークと問題解決

(1) 取り上げる内容

ここで取り上げる主な内容を以下に示す．

a. 情報検索

情報検索に際しては，情報源を調べたり，異なる情報源から得られた情報を比較したりするなどして，情報の信頼性，信憑性を検証する方法を習得させ，その必要性を理解させる．

b. 情報共有

グループで作業を行う場合に，収集した情報の共有や解決策に関する合意形成の手段として情報通信ネットワークを利用できる．実際に，電子メールや電子掲示板，インスタントメッセンジャー，テレビ会議などの機能を学校の実情に応じて選択し，これらを活用する活動を通して情報を共有することの有用性を体験させたり，グループウェアなどの実例をあげたりして理解させる．

c. 問題解決の成果の発信

解決した結果などを発信する際には，発信した情報が自身の別の問題解決や他者にとっても問題解決の情報源となり得ることも意識させる．情報を発信する際は，情報の信頼性，信憑性の確認，ユニバーサルデザインやアクセシビリティなど情報の受け手に配慮したものにすること，著作権や肖像権などを遵守する必要性をあわせて指導する．

d. 情報通信ネットワークの活用

情報検索，情報共有，問題解決の成果の発信などの実習を通して，問題解決における情報通信ネットワークの適切な活用についての基礎的な知識と技能，さまざまな配慮を習得する．

## (2) 主な学習活動

### a. 掲示板に書き込ませ，それを検索する学習活動

NetCommons などの CMS（Contents Management System）を生徒用 LAN に接続されたコンピュータに構築し，これを利用することによって，情報の共有，検索，再利用，合意形成などの実習を行うことができる．

たとえば，生徒に自分の属する部活動の良いところを掲示板に書き込ませる．次に CMS に装備された検索機能を用いて，この書き込みを検索する．「文芸部」など，特定の部活動名を入力すれば，その部についての書き込みを読むことができる．検索して表示されるのは，自分や級友が書いた書き込みである．該当の部活動の良い点が情報として得られるが，これが正しい保障はない．インター

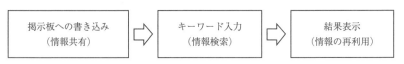

**図 4.4.1　操作と情報の共有・検索・再利用**

ネット上の情報も誰かが書いたもので，多くの場合悪意はないが，客観的かつ正確なものである保障もないということが理解される．

### b. 成果の発信をさまざまな形で行う学習活動

問題解決の成果を，紙媒体，文書ファイル，PDF，Web ページ，プレゼンテーションなど，さまざまな形で行わせる．一つの成果をさまざまな方法で発信することにより，それぞれのメディアの特徴を把握することができ，用途に応じ

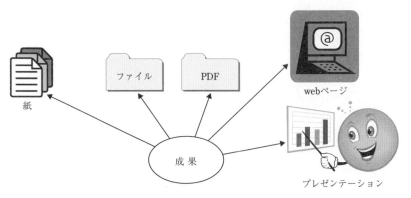

**図 4.4.2　メディアの特徴と使い分け**

た使い分けができるようになる．

## 4.4.2 情報の蓄積・管理とデータベース
(1) 取り上げる内容
　ここで取り上げる主な内容を以下に示す．
a. データベースの特性
　データベースとは，ある目的のために収集した情報を，一定の規則に従ってコンピュータ上に蓄積し，利用するための仕組みをもったシステムであること，データベースに蓄積された情報は，これらの機能によって多くの人が効果的に利用できる仕組みになっていることを理解させる．また，身近なデータベースを利用する活動，簡単なデータベースを作成する活動を通して，データベースを適切に作成し，活用するために必要な基礎的な知識と技能を習得させる．
b. データベースの有用性
　身近なデータベースの利用や，社会で利用されているデータベースの活用事例を調べることを通して，情報を蓄積・管理し，必要なときに必要な情報を迅速に取り出せることの重要性，データベースを問題解決に活用することの有用性，情報を喪失した際のリスクについて理解させる．
c. リスクへの対応
　データベースにどのような情報が蓄積され，どのように活用されているかを理解させ，それらが管理する情報の流出や消失の影響を考えさせる．これらのトラブルを防ぐための方法やデータ復旧のための仕組みの重要性について話し合わせ，実際に講じられている対策について理解させる．
(2) 主な学習活動
a. 既存のデータベースを使う学習活動
　ほとんどの公共図書館の蔵書管理はコンピュータ化され，検索もオンラインでできるようになっている．これを用いて次のような課題を生徒に課す．
　　・特定の本を検索させ，その本を所蔵する一番近い図書館を調べさせる．
　　・特定の著者の2000年以降の著作物を調べさせる．
　このように具体的な課題を用紙に印刷し，結果を生徒に書かせ，提出させることで，実際に生徒にデータベースを操作させ，その特性を理解させることが

できる．データが失われた場合に備えて，どのような対策を講じたらよいかについても話し合わせ，その対策を書かせるようにするとリスクへの対応も考えさせることができる．

b. データベースを設計する学習活動

個人の住所録，部活動の名簿，図書の貸し出しなど，生徒に身近な題材を選び，データベースを設計させる．この際，必要な項目を書きださせ，それが文字型，数値型，論理型のどれになるかを記述させる．これによって，データベース作成に必要な記憶容量を考えさせることができる．

図書の貸し出しなどは，本の表，生徒の表など複数の表に分けて作成した方が効率的である．データベースを設計する学習活動を通じて，このようなことに生徒が自ら気付くように指導する．その際，正規化などの概念もあわせて教えるようにするとよい．

c. データベースを操作する学習活動

データベースの学習には，ある程度の量のデータが必要であるが，これを生徒に入力させるのは適切ではない．あらかじめデータを準備しておき，これを生徒に操作させ，データベースの概念や特性を理解させるようにした方がよい．ある程度容量が大きく，クロス集計などが可能なデータを準備するとデータベースの威力を実感させることができる．

### 4.4.3 問題解決の評価と改善

(1) 取り上げる内容

ここで取り上げる主な内容を以下に示す．

a. 問題解決活動

グループなどで取り組む課題解決型の学習活動を行い，問題解決の各段階における評価，改善の活動に主眼を置いた総合的な実習を行う．その際，4.3節に示した内容と関連づけるとともに，問題解決の過程で情報通信ネットワークやデータベースなどを活用した情報の収集，整理・分析・判断，表現・創出・発信，共有などの活動を取り入れる．

問題解決の課題学習にあたっては，情報通信ネットワークやデータベースを適切に活用する体験的な学習活動をさせることで，情報を共有し，蓄積し，グ

ループ内で再利用することの有用性を体験的に理解させる．

b．問題解決の各段階での目標や評価の観点

　問題解決の各段階での目標や評価の観点を明確にし，必要に応じて解決の方法などの改善につなげるように配慮する．問題解決の各段階で現状把握や評価を行う方法としては，チェックリストを用いた評価，アンケート調査による評価などが考えられる．とくに，アンケート調査を行う場合については，以下のような事前の準備が重要であることを理解させる．

　　・アンケートでどのようなことを明らかにするかという目的をしっかり決めさせる．
　　・回答しやすい工夫を考えさせる．
　　・アンケートの設問や回答方法を設計させる．
　　・得られた結果をどのように分析するかを決めさせる．
　　・どのように報告書や発表資料に利用するかを決めさせる．

(2) 主な学習活動

a．グループウェアを用いてデータを収集し再利用する学習活動

　「金沢の魅力を英語で発信しよう」のような，情報を集め，編集し，発信する総合的な課題を生徒に行わせる．その際，NetCommons のようなグループウェアを用いるようにする．

　グループウェアには掲示板，データベースなど作業を進める上で有用なツールが準備されている．また，書き込みや入力されたデータはすべて記録に残るので，問題解決の過程を振り返り，改善することも容易である．たとえば，掲示板にさまざまなデータを貼り付けておいたものを再利用しようとしたときに不都合が生じれば，次からはデータベースを用いるなどの改善につながる．

　英語に直す場合には自動翻訳ソフトのような Web 上のサービスを積極的に利用させる．実際に利用することによって，特性と限界，適用できる範囲をつかむことができる．

b．オンラインでアンケート調査を行う学習活動

　「金沢の和菓子はおいしいですか」，「あなたの好きな和菓子を書いてください」などの簡単なアンケートをオンラインで行わせるとよい．はじめからうまくアンケートを設計できる生徒はいない．簡単なアンケートを行わせ，それを

処理して課題解決に役立てる体験を繰り返すことで，知りたいことを知るためにはどのような質問が必要かを的確に判断できるようになる．収集したデータを問題解決に役立てるには，集計，統計処理，グラフ化などが必要となる．実際にデータを扱う中でその必要性を学習させ，表計算ソフトなどの利便性を納得させるようにする．

最終的な発信の形を整える際にアンケートを取り直したり，処理をやり直したりする場合もある．このようなトライ&エラーを短時間に経験させるにはオンラインアンケートが適している．

## 4.5　情報技術の進展と情報モラル

「情報技術の進展と情報モラル」についての目標と内容は，以下のとおりである[1]．なお，目標については学習指導要領には記載されていない．

---

（目標）

社会の情報化と人間，情報社会の安全と情報技術，情報社会の発展と情報技術に関する基礎的な知識と技能を習得させ，情報通信ネットワーク上のルールやマナーを理解させるとともに情報モラルを身に付けさせることによって，情報社会に主体的に参加し，発展させていこうとする態度を育成する．

（内容）

ア　社会の情報化と人間

社会の情報化が人間に果たす役割や及ぼす影響について理解させ，情報社会を構築する上での人間の役割を考えさせる．

イ　情報社会の安全と情報技術

情報社会の安全とそれを支える情報技術の活用を理解させ，情報社会の安全性を高めるために個人が果たす役割と責任を考えさせる．

ウ　情報社会の発展と情報技術

情報技術の進展が社会に果たす役割及ぼす影響を理解させ，情報技術を社会の発展に役立てようとする態度を育成する．

(内容の取扱い)

　生徒が主体的に考え，討議し，発表し合うなどの活動を取り入れること．アについては，情報機器や情報通信ネットワークの様々な機能を簡単に操作できるようにする工夫及び高齢者や障害者による利用を容易にする工夫などについても扱うこと．

　イについては，情報通信ネットワークなどを使用した犯罪などについて取り上げ，情報セキュリティなどに関する情報技術の適切な活用方法についても扱うこと．ウについては，情報技術を適切に活用するための個人の責任や態度について取り上げ，情報技術を社会の発展に役立てようとする心構えを身に付けさせること．

### 4.5.1　社会の情報化と人間

(1) 取り上げる内容

　ここではよりよい情報社会を構築するための情報技術について関心を持たせるため，以下の内容を取りあげる．

a. 法律と制度

　社会の情報化に関連する法律や制度について，その考え方を理解し，遵守することも情報社会における人間の果たすべき責任であることを理解させる．

b. システムや技術

　情報システムや情報技術による利便性が人間の生活に与える影響については，電子マネー，ICカード，ネットショッピング，ネットオークションなどの身近なサービスを取り上げ，人間生活への影響を考えさせるとよい．情報技術の進展が情報格差やインターネット依存，テクノストレスなどさまざまな問題を生み出していることについては，その要因を調べることで，情報技術と人間の関係に興味や関心をもたせる．

c. 人間の役割

　情報社会を構築する上での人間の役割については，情報社会において情報技術を進展させるのは人間であることを理解させる．よりよい社会をつくりあげていくためにはどのような考え方や配慮が必要であるかについて，タッチパネ

ルや GUI などのユーザインタフェース，Web ページのユーザビリティやアクセシビリティなど具体的な例について調べさせたり，改良案を考えさせたりする活動を通して理解させる．

(2) 主な学習活動

a. 情報サービスの利便性と生活への影響について調べ発表させる学習活動

　電子マネー，IC カード，ネットショッピング，ネットオークション，SNS など情報サービスにはさまざまな種類がある．これらについて生徒に項目をあげさせ，3～4人のグループで，その仕組みと利便性，生活への影響などを調べさせ，使用する際の注意を考えさせてお互いに発表させる．このような場を設定することにより，生徒が主体的に考え，討議することが可能になり，発表によってお互いの成果を共有することができる．

b. 社会問題や健康被害の要因と解決方法についてレポートさせる学習活動

　情報技術と人間の関係に興味をもたせるには，情報格差などの社会問題や，テクノストレスに代表される健康被害などの典型的事例について，その要因と解決方法を考えさせるようにするとよい．その際，課題用紙に「定義」「原因」「事例」「解決方法」などのように項目のみ印刷したものを作成し，生徒に各項目の内容を埋めるような形でレポートを作成させると効果的であり，評価もしやすい．

c. 人に優しいコンピュータを考えさせる学習活動

　コンピュータを扱うにあたって障害になることをクラス全体でリストアップする．このとき，目が見えない，色がわからない，耳が聞こえない，手が使えないなどの人間側の要因，メニューがわかりにくい，情報が読み取りにくい，選択肢が選びにくいといったユーザインタフェースの要因など，視点を変えることでさまざまな要因をあげることができる．

　これらの要因を分担して，一つの問題について3～4人のグループで「現在行われている対応」，「既存技術を生かして可能になる対応」「技術の制限をなくしたときに可能になる対応」をまとめさせ発表させる．その上で，「人に優しいコンピュータ」についてレポートを作成させることを通じて，人とコンピュータの関わりについて考えさせるとよい．

## 4.5.2 情報社会の安全と情報技術

### (1) 取り上げる内容
ここで取り上げる主な内容を以下に示す．

a. 情報社会の安全とそれを支える情報技術の活用

情報社会で実際に起きている実際の問題を取り上げ，情報社会の安全を維持するための情報セキュリティの役割について，実際の問題について機密性，可用性，信頼性などと関連づけながら理解させる．それらの問題や脅威の背景には情報技術の不適切な利用があることを理解させ，情報社会の安全を維持し向上させるには情報技術の適切な活用が欠かせないことを理解させる．また，適切に活用するために必要な基礎的な知識と技能を習得させる．同時に，情報社会の安全を維持するための人間の役割や責任についても理解させる．

問題や障害の軽重により自分で解決できるか，あるいは専門家に依頼するべきかを判断できるようにし，依頼する場合は適切に説明や相談ができるようにする．

b. 情報社会の安全性を高めるために個人が果たす役割と責任

個人の安全に対する対策と意識が社会の安全に関わっていることを理解させ，個人が行う情報セキュリティ対策の重要性を認識させる．また，個人としての対策だけでなく，安全な情報社会を構築していくためにどのような情報技術が求められるかについて議論し探究させる．その際，関連する法律についても調べさせ，法律の目的と基本的な内容を理解させるとよい．

### (2) 主な学習活動

a. 家庭で安全にネットショッピングをするための条件を考えさせる学習活動

「ショッピングサイトのレビューを読み，無線 LAN で接続された自宅のパソコンから該当サイトにログインして商品をカートに入れ，キャッシュカード

図 4.5.1　ネットショッピングをするうえで気をつけるポイント

で決済する」といったきわめて具体的な場面を示し,「商品レビュー」「無線LAN接続」「パソコン」「ログイン」「カートに入れる」「キャッシュカード決済」のそれぞれについて気を付けることを記述させる.

さらに「住所,氏名が漏えいした場合」「カード番号が漏えいした場合」など,さまざまな状況についての対応策を書かせる.このように具体的な場合について細かく問うことによって,既習事項が整理され,情報セキュリティを保つためにしなければならないことを生徒に考えさせることができる.授業では,3～4人で話し合わせ,必要に応じてインターネットで調べさせるなど,言語活動や調べ学習が十分にできる環境やしかけを整えておくとよい.

b. 情報社会の安全性を高めるために行うことを考える学習活動

「情報社会」という抽象的なものでなく,「個人の安全」「友達やグループの安全」「自分が属する学校の安全」「自分が扱うデータの安全」など具体的なものについて考えさせることが重要である.データについては,自分の年賀状の住所録,会社の顧客データ,銀行の預金データ,会社や行政に蓄積された個人情報など,種類やデータ量の異なる具体的な例をあげて,それぞれに情報セキュリティ対策を考えさせる.

情報セキュリティの向上と,それに伴う労力と費用はトレードオフの関係にあるので,必要に応じた対策を判断できるようにすることは重要である.

### 4.5.3　情報社会の発展と情報技術

(1) 取り上げる内容

ここで取り上げる主な内容を以下に示す.

a. 情報技術の進展が社会や人間に果たす役割と及ぼす影響

情報社会の発展によってどのような影響や問題が生じているのか,それらに対して情報技術をどのように活用していけばよいのかについて考えさせる.

b. 情報通信ネットワークを活用したコミュニティ

情報通信ネットワークを活用したコミュニティとして,電子掲示板,ブログ,SNS,メーリングリストなどを取り上げ,どのような情報技術によって実現されているのかを理解し,有効に活用できるような場面や方法について考えさせる.

c. 情報社会に関する問題への対処

　情報社会に関する法律や制度だけでは判断がつかないような場面に遭遇した場合，どのように判断し行動したらよいかについて，討議や発表などの活動を通して考えさせる．

d. 情報社会におけるトレードオフ

　情報格差，テクノストレス，ネットいじめなどの情報技術の進展が社会や人間に与える影響，およびそこから派生する利便性とのトレードオフの関係などについて理解させる．

e. 情報技術を社会の発展に役立てようとする態度の育成

　情報社会におけるよりよい人間関係を構築・維持するために必要なルールやマナーについて理解を深め，それを守って生活する態度を育成する．情報技術を知識として理解させるだけではなく，情報社会で生活する人間に配慮する態度，およびさまざまな問題を解決するための能力や態度の育成が必要になる．これらを通して，よりよい情報社会を構築しようとする心構えを身につけさせる．

(2) 主な学習活動

a. 情報技術を用いたコミュニティについて調べ発表する学習活動

　情報通信ネットワークを用いたコミュニティについて生徒にあげさせ，項目ごとに分担して，その仕組み，有効活動できる場面や方法，注意すべき点などをまとめ発表させる．仕組みについては発表を通じて，お互いの調べたことを共有する．有効活用できる場面や方法，注意すべき点については，質疑応答を通じて，より深く広い知識を身につけることができる．

b. 情報社会に関する問題の解決策を考える学習活動

　情報格差，テクノストレス，ネットいじめなどの情報社会に関する問題について，現在の状況を調べて原因を考えさせる．さらに行政の担当者になったつもりで，これらの問題を解決するための方策を考えさせる．ここでいう方策とは，実行可能で，問題を解消する見込みが高く，他に対する影響が必要最小限なものとする．これを状況，原因とともにレポートの形で提出させる．可能であれば，クラスの生徒が見ることが可能な掲示板に書かせ，オンラインでの質疑応答を通じて内容を訂正・変更させるとよい．

## 参考文献

[1] 文部科学省：高等学校学習指導要領解説 情報編，開隆堂出版（2010）
[2] 岡本敏雄，山極隆 監修：最新 情報の科学，実教出版（2013）
[3] 岡本敏雄，山極隆 監修：情報の科学，実教出版（2013）
[4] 実教出版編集部：事例でわかる 情報モラル，実教出版（2013）
[5] Tim Bell, Ian H.Witten, Mike Fellows 著，兼宗進 監訳：コンピュータを使わない情報教育アンプラグドコンピュータサイエンス，イーテキスト研究所（2007）

# 第5章　専門教科情報科の各科目

## 5.1　科目編成

　専門教科情報科は，すべての科目の基礎になる基礎的科目，進路希望などに応じて選択する応用選択的科目，総合的かつ実践的な内容を学習する総合的科目で編成されている．
1) 基礎的科目（主に1，2年次で履修し，各科目とも標準で2〜4単位）
　・情報産業と社会（情報化と社会，情報産業と情報技術，情報モラルなど）
　・情報の表現と管理（情報の表現，情報の管理など）
　・情報と問題解決（問題解決の概要，問題の発見と解決，結果の評価など）
　・情報テクノロジー（ハードウェア，ソフトウェア，情報システムなど）
2) 応用選択的科目（主に2，3年次で履修し．標準単位数は2〜6単位．情報システム実習と情報コンテンツ実習は4〜8単位）
①システムの設計・管理分野
　・アルゴリズムとプログラム（アルゴリズムの基礎・応用，プログラミングや数値計算の基礎，データの型と構造など）
　・ネットワークシステム（ネットワークの基礎，設計と構築，運用など）
　・データベース（データベースシステムの概要，設計とデータ操作，操作言語，管理システムなど）
　・情報システム実習（情報システムの開発，設計，運用と保守など）
②情報コンテンツの制作・発信分野
　・情報メディア（メディアの基礎，情報メディアの特性と活用，情報メディアと社会など）

- 情報デザイン（情報デザインの基礎，要素，構成など）
- 表現メディアの編集と表現（表現メディアの特性，コンピュータグラフィックスの制作，音・音楽・映像の編集と表現など）
- 情報コンテンツ実習（情報コンテンツの開発の概要，要求分析と企画，設計と制作，運用と評価など）

3) 総合的科目（3年次で履修，2〜4単位）
- 課題研究（調査・研究・実験，作品の制作，産業現場での実習，職業資格の取得など）

情報の専門学科においては，基礎的科目の「情報産業と社会」および総合的科目の「課題研究」は必履修科目である．また，卒業までに情報科の科目を25単位以上履修することが求められる．なお，1単位時間の標準は50分であり，35単位時間の授業を1単位とする．

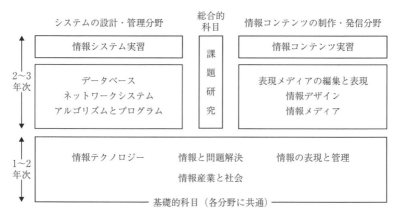

図 5.1.1 専門教科情報科の科目編成

## 5.2 基礎的科目と総合的科目

### 5.2.1 情報産業と社会

この科目は「情報産業と社会とのかかわりについての基礎的な知識と技術を習得させ，情報産業への興味・関心を高めるとともに，情報に関する広い視野を養い，情報産業の発展に寄与する能力と態度を育てる」ことを目標にしてい

る．

　各分野に共通する基礎的科目であり，(1) 情報化と社会，(2) 情報産業と情報技術，(3) 情報産業と情報モラルの3項目で構成されている．2～4単位程度で原則としてすべての生徒に履修させる．指導にあたっては，次の内容の取扱いに留意する[1]．

> ア　産業現場の見学や情報産業における具体的な事例を通して，情報産業の業務内容やそこで働くことの意義について理解させること．また，情報技術者が社会において果たしている役割について理解させること．
> イ　社会の情報化の進展が生活に及ぼす影響について具体的な事例を通して理解させるとともに，情報産業が社会の情報化に果たす役割の重要性について考えさせること．また，情報産業における情報モラルについて討議するなど生徒が主体的に考える活動を取り入れること．

## (1) 情報化と社会
ア　社会の情報化

　情報通信技術の発達が社会生活に大きく影響していることを理解させる．手紙，電話，電子メールなどの情報伝達手段の変遷についても扱う．

イ　情報化の進展と情報産業の役割

　これからの学習を進める指針を与えるために，情報産業の業務内容やそこで働く情報技術者の役割について扱う．情報産業が，社会の情報化を支えて発展させてきたことや望ましい情報社会の形成に重要な役割を果たしていることを理解させる．また，委託業務の増大や国際化により，情報産業の業務内容や業務範囲などに変化が生じていることを理解させる．

## (2) 情報産業と情報技術

　学校や生徒の実態に応じて，適切な情報技術を選択し，実習を中心にして扱う．

ア　情報産業を支える情報技術

　基本的なハードウェア，ソフトウェアおよび情報通信ネットワークに関する基礎的な知識と技術を習得させる．これらの情報通信技術が情報産業の発展に寄与していることを事例を通じて理解させる．

イ　情報産業における情報技術の活用

情報産業の業務内容と関連づけて，情報の収集，処理，分析，発信，表現などの実習を行い，情報技術を適切に活用できるようにする．

(3) **情報産業と情報モラル**
ア　情報技術者の業務と責任

技術や情報の守秘義務や法令遵守などの情報技術者としての使命と責任について扱う．情報技術者の職務内容とそれを遂行する際に求められる責任について理解させる．また，守秘義務や情報技術者が担っている社会的責任について理解させる．

イ　情報モラルと情報セキュリティ

情報セキュリティの管理を適切に行うために必要な基礎的な知識と技術について扱うとともに，情報セキュリティ対策の重要性について扱う．

ウ　情報産業と法規

情報産業における情報や個人情報の保護，著作権などの知的財産および情報セキュリティ対策に関する法規を扱い，法規を守ることの意義と重要性についても扱う．また，労働基準法，労働者派遣法，男女雇用機会均等法など労働に関する法律についても理解させる．

## 5.2.2　情報の表現と管理

この科目は「情報の表現と管理に関する基礎的な知識と技術を習得させ，情報を目的に応じて適切に表現するとともに，管理し活用する能力と態度を育てる」ことを目標にしている．

各分野に共通する基礎的科目であり，(1) 情報の表現，(2) 情報の管理の2項目で構成されている．2～4単位程度で履修させ，指導にあたっては，次の内容の取扱いに留意する．

---

実習を通して，情報の表現と管理にコンピュータを積極的に活用しようとする主体的な態度を身に付けさせること．また，具体的な事例を通して，情報を扱う上での個人の責任について理解させること．

## (1) 情報の表現
### ア　情報と表現の基礎
　文字，図形，音などのコミュニケーションを行う際のメディアを取り上げ，それぞれの特性と役割について扱う．また，情報をディジタル化するための基礎的な仕組みや情報のディジタル化や記録，伝達の際に活用する情報機器の特性や役割について，実習などの体験的な活動を通じて理解させる．

### イ　情報の表現技法
　アプリケーションソフトを活用した基本的な情報の表現技法について扱う．情報を整理して文章にする技法，数値情報を表計算ソフトなどを利用して整理しグラフ化して表現する技法，情報の相互関係や全体構造などを図式化して表現する技法などを習得させる．また，レイアウトや配色などの視覚表現に関するデザインの基礎を習得させ，文字，図形，静止画などを目的に応じて組み合わせ，わかりやすい文書を作成できるようにする．

### ウ　情報の発信
　情報通信ネットワークを活用した情報の表現や発信および効果的なプレゼンテーションの方法について扱う．インターネットを取り上げ，その利点を生かして情報を発信する基礎的な知識や技術を習得させる．また，プレゼンテーションの基礎的な知識と技術を習得させるとともに，効果的なプレゼンテーションを行うための資料の作成技法や発表技法について習得させる．

## (2) 情報の管理
### ア　ドキュメンテーション
　ドキュメンテーションを日常的な業務で使われる情報を文書化することと捉える．情報の記録，管理や伝達のために文書化することの重要性および実践的な文書の作成方法について扱う．日常的に業務に用いる実践的な文書，たとえば業務で利用する報告書，企画書，提案書，説明書などの目的や構成，定型化について理解し，これらを作成するための知識と技術を習得させる．

### イ　情報の管理
　情報を目的に応じて分類し，整理し，保存するために必要な基礎的な知識と技術を扱うことや，必要な情報や文書がいつでも取り出せるようにすることの重要性について考えさせる．情報の管理に関する法規について理解させ，著作

権などの知的財産を適切に管理することの必要性や，情報技術者として情報を適正に活用することができるようにする．また，情報セキュリティに配慮した情報の管理手法についても扱う．

ウ　コンピュータによる情報の管理と活用

コンピュータやアプリケーションソフトを用いて，情報を整理，抽出，管理する方法について扱う．表計算ソフトやサーバのファイル管理機能，情報セキュリティ機能などを活用したりして，適切に情報を整理し，抽出し，管理するための基礎的な知識と技術を習得させる．

### 5.2.3　情報と問題解決

この科目は「情報と情報手段を活用した問題の発見と解決に関する基礎的な知識と技術を習得させ，適切に問題解決を行うことができる能力と態度を育てる」ことを目標にしている．

各分野に共通する基礎的科目であり，(1) 問題解決の概要，(2) 問題の発見と解決，(3) 問題解決の過程と結果の評価の3項目で構成されている．2～4単位程度で履修させ，指導にあたっては，次の内容の取扱いに留意する．

> 実習を通して，情報及びコンピュータや情報通信ネットワークなどの情報手段を活用した問題の発見から解決までの過程において必要とされる知識と技術について理解させること．また，適切な解決方法を用いることの重要性について考えさせるとともに，問題解決の手法を適切に選択することができるようにすること．

(1) 問題解決の概要

ア　問題の発見から解決までの流れ

問題の発見から解決までの一連の作業内容を取り上げ，目的に応じた作業や分析方法の選択・実施などを行うために必要な基礎的な知識と技術について扱う．PDCAサイクルや仮説検証など，問題の発見から解決に至るまでの作業を取り上げる．

イ　問題解決の実際

問題解決の手法や考え方が情報産業でどのように活用されているかを理解さ

せるために，情報産業において実際に行われている問題の発見と解決にかかわる具体的な事例について扱う．同じテーマについて複数のグループで問題の発見と解決について検討させ，結果の違いを比較し，議論させる．

(2) 問題の発見と解決

ア　データの収集調査

データの収集方法として質問紙調査法や面接法などについて扱う．定量情報の収集では質問紙法や統計データを利用する方法，定性情報では面接法などの調査方法から情報を収集する方法を取り上げる．

イ　データの整理

データの特性に応じてデータを整理し，保存する方法について扱う．データを整理・保存する方法について基礎的な知識と技術を習得させる．また，システム間のデータの流れをDFD（Data Flow Diagram）を用いてモデル化するなど，図式によるモデル化についても基礎的な内容を取り扱う．

ウ　データの分析

問題を発見するために行うデータ分析に必要な記述統計，確率，分布などについて扱う．表計算ソフトなどを活用してデータの分析と結果を考察させるなどの実習を通して習得させる．なお，パレート図や散布図など図解による分析方法や数理的内容については生徒の実態に合せて扱う．

エ　最適化

線形計画法や待ち行列などを取り上げ，問題解決の技法に関する基礎的な知識と技術について扱う．オペレーションズリサーチの技法やPERT（Program Evaluation and Review Technique）による工程管理などを取り上げ，問題の解決のための最適化の技法に関する基礎的な知識と技術を習得させる．

(3) 問題解決の過程と結果の評価

ア　評価の方法

問題の発見から解決までの過程および結果の評価に必要な基礎的な知識と技術について扱う．問題解決方法が社会的に与える影響について法規や職業倫理の観点から評価させる．

イ　評価の実際

問題解決の過程と結果の評価が情報産業で実際にどのように行われているか

を理解させるために，情報産業で実際に行われている問題解決の過程と結果の評価にかかわる具体的な事例について扱う．

### 5.2.4 情報テクノロジー

この科目は「情報産業を支える情報テクノロジーの基礎的な知識と技術を習得させ，実際に活用する能力と態度を育てる」ことを目標にしている．

各分野に共通する基礎的科目であり，(1) ハードウェア，(2) ソフトウェア，(3) 情報システムの3項目で構成されている．2～4単位程度で履修させ，指導にあたっては，次の内容の取扱いに留意する．

> ア　学校や生徒の実態に応じて，適切な情報技術を選択し，実習を中心にして扱うこと．
> イ　具体的な事例を通して，情報技術の歴史的な変遷及び国際標準や業界標準となっている技術について扱うこと．

(1) ハードウェア
ア　コンピュータの構造と内部処理
　コンピュータの内部で処理されるデータの流れや表現方法などの基礎的知識について理解させる．組込み型コンピュータやスーパーコンピュータなどについても取り上げる．家庭電化製品などへの組込みについても触れること．
イ　周辺機器とインタフェース
　コンピュータの内部や外部で接続される周辺機器の種類，特性や役割およびその接続に使われるさまざまなインタフェースの種類，特性や役割などについて理解させる．ISO（国際標準化機構）などの標準化団体などを取り上げ，規格を標準化することの必要性や重要性について考えさせる．

(2) ソフトウェア
ア　オペレーティングシステムの仕組み
　オペレーティングシステム（OS）の役割や重要性およびファイルシステムなどの構造や機能について扱う．オペレーティングシステムとミドルウェアを取り上げ，それぞれの特性や役割などについて理解させる．また，家庭用電化製品などの組込み型オペレーティングシステムについても触れる．

イ　応用ソフトウェアの仕組み

　応用ソフトウェア，開発環境およびユーザインタフェースを取り上げ，それぞれの特徴について扱う．開発環境については，プログラム言語の種類，特性や役割などについて手続き型と関数型，論理型，オブジェクト指向などとかかわらせて理解させる．

ウ　情報コンテンツに関する技術

　静止画，動画，音などを取り上げ，ファイル形式，解像度とファイルサイズ，圧縮と伸張などの情報コンテンツの作成に必要な基礎的な技術について扱う．目的に応じた情報コンテンツを想定し，その品質や容量からアプリケーションソフトの種類などを決めていくという考え方を身に付けさせる．

(3) **情報システム**

ア　情報システムの形態

　社会で実際に活用されている情報システムを取り上げ，その形態にとどまらず，仕組みの全体像について扱う．情報システムの構成としては，デュアルシステムやデュプレックスシステムなどを取り上げ，利点や欠点を理解させる．また，信頼性評価として RASIS についても取り扱う．

イ　ネットワーク

　ネットワークのトポロジ，有線・無線の技術や機器についての基礎的な知識や技術について扱う．インターネットのドメインシステムやプロトコル，さらに提供されるサービスとして WWW，電子メール，FTP など，CGI，Web ブラウザなどにかかわる基礎的な知識と技術について理解させる．

ウ　データベース

　データベースの基本的な概念や構造およびデータベースの設計・管理に必要な基礎的な知識と技術について扱う．データ構造を考えて表を新規に作成したり，リレーションシップを結ぶなど，データベースを設計し，管理するために必要な基礎的な知識と技術を習得させる．

### 5.2.5　課題研究

　この科目は「情報に関する課題を設定し，その課題の解決を図る学習を通して，専門的な知識と技術の深化，総合化を図るとともに，問題解決の能力や自

発的,創造的な学習態度を育てる」ことを目標にしている.

総合的科目であり,(1)調査,研究,実験,(2)作品の制作,(3)産業現場等における実習,(4)職業資格の取得の4項目で構成されている.2～4単位程度で原則としてすべての生徒に履修させる.指導にあたっては,次の内容の取扱いに留意する.

> ア　生徒の興味・関心,進路希望等に応じて,内容の(1)から(4)までの中から個人又はグループで適切な課題を設定させること.なお,課題は内容の(1)から(4)までの2項目以上にまたがる課題を設定することができること.
> イ　課題研究の成果について発表する機会を設けるようにすること.

論理的な表現力などを育成する観点から,成果発表会や作品展示会の開催,各種作品コンクールなどへの応募など積極的に発表の機会を設けるようにする.

(1) 調査,研究,実験

学習した専門知識・技術の深化や総合化,さらに新しい知識と技術を習得させるために,情報に関する調査,研究,実験を実施させる.課題例としては,ソフトウェアやコンピュータを利用したシミュレーションに関する内容,ネットワークシステム,機密保護やデータ保守,情報の収集・分析・整理の技法に関する内容,情報社会や情報産業の動向や課題,情報メディアにおける個人情報の保護や著作権に関する内容などが考えられる.

(2) 作品の制作

学習した専門知識・技術の深化や総合化,さらに新しい知識と技術を習得させるために,情報に関する作品を制作させる.制作例としては,小規模なネットワークシステムの構築,自然現象や社会現象のモデル化およびシミュレーションの視覚化,図書管理システムや出席統計管理システムの構築,学校紹介や地域紹介のWebページ,CD-ROMやパンフレットの作成,コンピュータグラフィックス,アニメーション,プレゼンテーション技法,コンピュータ活用マニュアルの編集などが考えられる.

### (3) 産業現場等における実習

学習した専門知識・技術の深化や総合化，さらに産業界などにおける進んだ知識と技術を習得させるために，情報関連産業，研究所などにおける実際の体験をさせる．また，産業現場などにおける実習を通して，進路意識の啓発や勤労観，職業観を育成し，さらに対人関係の大切さや協調性を育成する．情報産業に関する実習分野例としては，情報通信，ネットワークシステム管理，プログラム開発，データベース管理，Web ページ制作，アニメーション制作，マルチメディア出版，コンピュータグラフィックス，DTP（DeskTop Publishing）編集，印刷などが考えられる．

### (4) 職業資格

生徒が希望する職業資格の取得などのため，これらを取得するための学習方法を体得し，自らの進路意識を高める．情報に関した資格などについては，エンドユーザー向けの資格，高度な情報処理技術者向けの資格，クリエーター向けの資格などに関するものがある．指導にあたっては，生徒の興味・関心，進路希望に応じて職業資格や検定試験などを選択させ，生徒が主体的に学習に取り組む態度を育成し，それが生涯学習につながるよう配慮する．

## 5.3 システムの設計・管理分野

### 5.3.1 アルゴリズムとプログラム

この科目は「アルゴリズムとプログラミングおよびデータ構造に関する知識と技術を習得させ，実際に活用する能力と態度を育てる」ことを目標にしている．応用選択的科目であり，(1) アルゴリズムの基礎，(2) プログラミングの基礎，(3) 数値計算の基礎，(4) データの型と構造，(5) アルゴリズム応用の5項目で構成されている．2～6単位程度で履修させ，指導にあたっては，次の内容の取扱いに留意する．

> ア　実習を通して，アルゴリズムに関する知識と表現技法を習得させるとともに，問題の内容に応じてアルゴリズムを適切に選択し，改善していくことの重要性について理解させること．

> イ　学校や生徒の実態に応じて，適切なプログラム言語などを選択すること．
> ウ　内容の（2）については，プログラム言語の規則の習得に偏ることのないように論理的な思考に関する学習を重視すること．

### (1) アルゴリズムの基礎

ア　アルゴリズムの基本要素

　アルゴリズムを表現するために必要な三つの基本構造，順次，選択，繰り返しについて理解し，これらを用いてアルゴリズムを表現する知識と技術を習得させる．

イ　処理手順の図式化

　流れ図や構造化チャートなどを用いて，アルゴリズムを図式化して表現するための基礎的な知識や技術を習得させる．

### (2) プログラミングの基礎

ア　プログラムの構成

　手続き型，関数型，論理型，オブジェクト指向などの考え方に関連付けて，プログラム言語の種類や特徴を理解させる．また，学習させるプログラミング言語の特徴や取扱い方，記述法などに関する基礎的な知識や技術を習得させる．

イ　基本的な命令文

　学習させるプログラミング言語の基本的な命令文を理解させる．

ウ　プログラミング

　実際に課題を行うなかで，プログラムの作成からテスト，デバッグの一連の作業を経験させ，プログラミングに必要な基礎的な知識と技術を習得させる．また，効果的にプログラムを開発する技法についても学習させる．

### (3) 数値計算の基礎

ア　基本的な数値計算

　合計，平均，分散，標準偏差などの数値処理を題材に，数値計算のアルゴリズムとプログラムの基礎的な知識と技術を取得させる．

イ　実践的な数値計算

　コンピュータを用いた数値計算には誤差が生じることを理解させ，アルゴリズムの工夫で誤差を少なくするための知識と技術を習得させる．

(4) データの型と構造
ア　データの基本的な型と構造
　数値型，文字型，論理型，さらにレコードや配列（二次元配列）などのデータ構造について扱う．順位付けや文字列の処理などの事例を通じて，データの型と構造の基礎を理解させる．
イ　データ構造とアルゴリズム
　在庫管理や文字列の出力などの事例から，スタック，キュー，リスト，木構造などのデータ構造を取り上げ，効率的なアルゴリズムについて考えさせる．
(5) アルゴリズム応用
　効率的なアルゴリズムとプログラムの開発方法を学ばせるため，整列や探索などを取り上げ，効率的なアルゴリズムとプログラムの開発技法を習得させる．整列については選択法，交換法，挿入法，探索については線形探索法や二分探索法などを扱う．処理時間や探索時間などを比較させ，処理の効率について考えさせる．

### 5.3.2　ネットワークシステム

　この科目は「情報通信ネットワークシステムに関する知識と技術を習得させ，実際に活用する能力と態度を育てる」ことを目標にしている．
　応用選択的科目であり，(1) ネットワークの基礎，(2) ネットワークの設計と構築，(3) ネットワークの運用と保守，(4) ネットワークの安全対策の4項目で構成されている．2～6単位程度で履修させ，指導にあたっては，次の内容の取扱いに留意する．

> ア　実習を通して，ネットワークシステムの全体像について情報通信ネットワークシステムの設計と運用・保守の視点から理解させるとともに，通信回線と関連機器のハードウェアの概要について理解させること。

(1) ネットワークの基礎
ア　データ通信の仕組みと働き
　データ通信の基本的な仕組みや働きについて扱う．アナログ伝送やディジタル伝送などの伝送方式，さらに専用回線を利用する固定接続や交換接続（回線

交換網やパケット交換網）などの接続方式について理解させる．LAN ケーブルの作成，機器の接続などの実習を通じて体験的に理解させる．

イ　プロトコル

　TCP/IP（IP アドレス，アドレスクラス，サブネットマスク，IPv6 など）やルーティングプロトコルを扱い，プロトコルの基本的な仕組みと機能について実習を通して体験的に理解させる。また，端末同士が通信できる仕組みなど，伝送制御の手順についても理解させる．

ウ　関連技術

　ネットワーク機器，符号化とデータ伝送技術，VPN などを取り上げ，ネットワークの構造についての基礎的な知識と技術を習得させる．

(2) ネットワークの設計と構築

ア　ネットワークの分析

　ネットワークシステムの要求分析や必要条件の理解など，ネットワークの分析に関する基礎的な知識と技術を習得させる．

イ　ネットワークの設計

　ネットワークの基本構成や機器の選択，障害に対する安全対策，評価など，ネットワークシステムの設計に関する基礎的な知識と技術を習得させる．構成要素の二重化，認証，アクセス制御など，安全対策についても習得させる．

ウ　ネットワークの構築

　効率的にネットワークシステムを構築するための技法について，コンピュータとネットワークデバイスを接続し，データや周辺機器を共有するなどの実習を通して，総合的に習得させる．

(3) ネットワークの運用と保守

ア　ネットワークの運用管理

　ネットワークの構成管理，操作の簡易化，自動化などの運転管理，情報の暗号化，パスワード管理，ウィルス対策などのセキュリティ管理など，ネットワークの運用・管理の具体的な手法と重要性について理解させる．

イ　ネットワークの保守

　ネットワーク保守の必要性や重要性を理解させ，機器やデータの多重化，障害への対応と対策，定期点検，稼働状況管理，バックアップなど，ネットワー

ク保守の具体的な方法を習得させる．
ウ　ネットワークの障害管理
　ネットワークのログデータやトラフィック量の確認などによる障害の早期発見方法，障害情報の収集や障害点の確認，再発防止方法を取り上げ，障害管理の必要性や重要性を理解させ，具体的な方法を身に付けさせる．
(4) ネットワークの安全対策
ア　情報セキュリティポリシー
　人為的過失や自然災害などに対する安全対策の基本的な考え方および方向性などを示す情報セキュリティポリシーの役割や重要性についての基本方針，対策基準，実施手順などの基本的な内容について理解させる．
イ　不正行為とその対策
　データの破壊，不正アクセス，情報漏洩などの不正行為の問題とその防止対策や管理方法などの基本的な内容について理解させる．
ウ　ネットワーク利用者の啓発
　ネットワークの利用者に対しても安全対策の基本的な講習を行うなど啓発活動が必要であることを学ばせ，情報セキュリティに関する研修計画を立て，実際に資料を作成し研修を行う．

### 5.3.3　データベース

　この科目は「データベースに関する知識と技術を習得させ，実際に活用する能力と態度を育てる」ことを目標にしている．
　応用選択的科目であり，(1) データベースシステムの概要，(2) データベースの設計とデータ操作，(3) データベースの操作言語，(4) データベース管理システムの4項目で構成されている．2～6単位程度で履修させ，指導にあたっては，次の内容の取扱いに留意する．

> ア　実習を通して，データベースシステムの全体像について，データベースシステムの設計，操作，運用及び保守の視点から理解させること．
> イ　学校や生徒の実態に応じて，適切なデータベース管理システムを選択すること．

## (1) データベースシステムの概要

**ア　データベースの概要**

　データベースの機能，動作の仕組み，設計の手順および操作のしくみなど，データベースの基礎的な知識や技術について習得させる．

**イ　データベースシステムの活用**

　在庫管理システム，文書管理システム，会計システムなどを取り上げ，情報産業や社会におけるデータベースシステムの活用状況や果たしている役割などについて理解させる．

## (2) データベースの設計とデータ操作

**ア　データモデル**

　階層モデル，リレーショナルモデル，ネットワークモデルなどを取り上げ，データモデルの種類や特徴について扱う．リレーショナルモデルについては，データを表の形式で表現することから，データの組合せに制約が少ないこと，操作の考え方が簡単なことなど，基本的な内容について理解させる．

**イ　データの分析とモデル化**

　データベースを設計するためには，収集・蓄積するデータの分析が重要であることを考えさせるとともに，データの分析にかかわる基礎的な内容を理解させる。また，E-R モデルによってリレーショナルモデルを設計するために必要な基礎的な知識と技術を習得させる．

**ウ　正規化**

　第一正規化から第三正規化までの正規化を取り上げ，正規化の重要性や正規化に関する基礎的な知識と技術を習得させる．

**エ　データ操作**

　集合演算や関係演算などを取り上げる．集合演算について和集合，差集合，共通集合などを，関係演算については選択，射影，結合など，データ操作の基本的な概念について扱う．

## (3) データベースの操作言語

**ア　データベースの定義**

　データベースの意義，目的について理解させる．また，データベース言語としてデータ定義言語，データ制御言語，データ操作言語などを取り上げる．

イ　データベースの操作

　データベースを操作するために必要な問合せ，結合，副問合せ，更新および削除を取り上げる．その際，射影，選択，集約関数，主キーと外部キーによる表の結合，複数の表を組み合わせた操作などについても扱う．

(4) データベース管理システム

ア　データベース管理システムの働き

　データベース管理システムが提供する機能として，データベース定義機能，データベース操作機能，データベース制御機能，機密保護機能などを取り上げる．それぞれの働きと役割について理解させる．

イ　データベースの運用と保守

　具体的な例題や実習を通して，データベースの運用管理，障害管理，性能管理，セキュリティ管理などを取り上げ，これらの作業を適切に行うために必要な基礎的な知識と技術を習得させる．

### 5.3.4　情報システム実習

　この科目は「情報システムの開発に関する知識と技術を実際の作業を通して習得させ，総合的に活用する能力と態度を育てる」ことを目標にしている．

　応用選択的科目であり，(1) 情報システムの開発の概要，(2) 情報システムの設計，(3) 情報システムの運用と保守，(4) 情報システムの開発と評価の4項目で構成されている．4〜8単位程度で履修させ，指導にあたっては，次の内容の取扱いに留意する．

> ア　著作権などの取扱いにも留意し，実習を通して，情報システムを開発するための一連の作業を理解させること．
> イ　学校や生徒の実態及び開発する情報システムに応じて，適切なプログラム言語を選択すること．
> ウ　内容の (2) については，構造化設計とオブジェクト指向設計の考え方について理解させること．

## (1) 情報システムの開発の概要

**ア 情報システムの開発の基礎**

　ウォーターフォールやプロトタイピングなどを取り上げ，情報システムの開発の工程内容や特徴およびライフサイクルについて扱う．情報システムを開発するために必要な情報システムの開発における作業手順を取り上げる．

**イ 情報システム化の技法**

　情報システムの対象となる業務と工程のモデルの作成，システム構成や機能の分析および設計に利用される代表的な技法について扱う．システム構成の分析や設計に利用される技法として，データフロー，状態遷移，E-R モデル，オブジェクト指向などを扱う．

## (2) 情報システムの設計

**ア 要求定義**

　情報システムの開発における要求定義の意義，役割などについて理解させるとともに，それにもとづいて作成される要求定義書を適切に作成するために必要な基礎的な知識と技術を習得させる．要求定義の誤りや不完全さが，開発している情報システム全体に悪影響を与えてしまうことを理解させる．

**イ 外部設計**

　要求定義書を分析し，システム分割，入出力概要設計，画面設計，コード設計，論理データ設計などを取り上げ，適切な外部設計書を作成するために必要な基礎的な知識と技術を習得させる．

**ウ 内部設計**

　ここでは，外部設計書を分析し，内部設計書を作成するまでの過程にかかわる基礎的な内容について理解させる．その際，機能分割，物理データ設計，入出力詳細設計などを取り上げ，適切な内部設計書を作成するために必要な基礎的な知識と技術を習得させる．

**エ プログラム設計とプログラミング**

　構造化設計やオブジェクト指向設計を取り上げる．構造化設計ではジャクソン法などを使ってプログラムの構造を記述したり，オブジェクト指向設計では UML などを使ってモデルを記述したりする．またプログラムの論理を考えるにあたって，決定木，決定表および原因結果グラフなどについて扱う．

オ　テストとレビュー

　単体テスト，結合テスト，システムテスト，運用テストなどを取り上げ，各種テストの意義，目的や必要性，重要性について理解させる．開発された情報システムが要求定義の内容に沿って開発されたかどうかについて検証するため，適切にレビューを行うための基礎的な知識と技術を習得させる．

(3) 情報システムの運用と保守

　具体的な例題や実習を通して，情報システムの運用と保守に関する基礎的な知識と技術を習得させる．その際，それぞれの作業を適切に行うための計画づくりと組織化の必要性や重要性について理解させる．

(4) 情報システムの開発と評価

　実習の過程と作品を評価することで，実習の改善点などを見いだし，今後の情報システムの開発をより適切に行うことができるようにする．他人の著作物を利用する場合，利用にあたっての許諾や引用を行う際の出所の明示の必要性など，適正な方法で利用することができるようにする．評価については，開発した情報システムが要求定義書と合致しているか，情報システム開発の各段階における成果物が要求仕様と一致しているか，スケジュール管理が円滑に行われたかなどについて評価する．

## 5.4　情報コンテンツの制作・発信分野

### 5.4.1　情報メディア

　この科目は「情報メディアに関する知識と技術を習得させ、実際に活用する能力と態度を育てる」ことを目標にしている．

　応用選択的科目であり，(1) メディアの基礎，(2) 情報メディアの特性と活用，(3) 情報メディアと社会の3項目で構成されている．2～6単位程度で履修させ，指導にあたっては，次の内容の取扱いに留意する．

> 　実習を通して，情報伝達やコミュニケーションの目的に応じて情報メディアを適切に選択し，効果的に活用するための知識と技術を身に付けるとともに，情報メディアの社会や情報産業における役割や影響について，

> 著作権などの知的財産の取扱いにも留意して理解させること．

## (1) メディアの基礎
### ア　メディアの定義と機能
　メディアを「情報を表現し伝達する手段」と捉え，時間と空間を越えて情報を伝達する機能があることを理解させる．インターネットの普及で，広く情報を発信することができるようになり，受信者と発信者による双方向の通信が実現したことによって社会に変化が生じ，新しいメディアが登場していることを理解させる．また，メディアが社会や情報産業に果たしている役割についても扱う．
### イ　メディアの種類と特性
　情報メディア，表現メディアおよび通信メディアを取り上げ，それぞれの意義，役割，特徴，働きについて理解させる．「情報メディア」は情報を伝達する媒体を包括したものであり，「表現メディア」によって表現された情報を「通信メディア」によって伝達する．テレビ，電話，電子メールなどの情報メディアを事例に，それぞれがどのような表現メディアと通信メディアで情報を伝達するか考えさせる．

## (2) 情報メディアの特性と活用
### ア　情報メディアの種類と特性
　新聞，テレビ，電話などを取り上げ，それぞれの情報メディアの特徴や働きについて扱う．さまざまな情報メディアを同期・非同期，双方向性，選択可能性，情報の受信者の規模などに沿って分類・整理ができるようにする．
### イ　情報メディアの活用
　情報を活用する目的や内容，受信者の状況などに応じて，情報メディアを効果的に活用するために必要な基礎的な知識と技術について，例題や実習を通じて習得させる．

## (3) 情報メディアと社会
### ア　情報メディアが社会に及ぼす影響
　情報メディアの発達の歴史を取り上げ，情報メディアの変遷と今後の展望について考えさせる．具体的な事例を通じて，情報メディアが社会や情報産業に

及ぼす影響や，社会や情報産業の発展に果たす役割や寄与について考えさせる．
イ　情報メディアと情報産業
　情報メディアに関する国際的な競争も高まり，戦略的な取組みによって情報メディアの価値が創造されることを理解させるとともに，今後の情報メディアのあり方について考えさせる．ソーシャルメディアなどのユーザ参加型の新しい情報メディアの登場，インターネットを利用した双方向性を有する情報メディアの普及などの具体的な事例を取り上げ，新しい情報産業が生じていることについて理解させる．

### 5.4.2　情報デザイン

　この科目は「情報デザインに関する知識と技術を習得させ，実際に活用する能力を育てる」ことを目標にしている．

　応用選択的科目であり，(1) 情報デザインの基礎，(2) 情報デザインの要素と構成，(3) 情報デザインと情報社会の3項目で構成されている．2～6単位程度で履修させ，指導にあたっては，次の内容の取扱いに留意する．

> ア　実習を通して，情報デザインに関する知識と技術を習得させること．また，手作業による情報デザインの作業を取り入れるなどして，総合的な表現力と造形力を身に付けること．

#### (1) 情報デザインの基礎
ア　情報デザインの意義
　適切な情報伝達やコミュニケーションの要件および手法を取り上げ，情報デザインの目的や役割および重要性について扱う．その際，デザインが単なる自己表現の創作活動ではなく，合目的性のある創作活動であることを理解させる．
イ　情報デザインの条件
　伝達する情報を抽象化し，可視化し，構造化する方法を取り上げ，わかりやすい情報伝達を行うために必要な基礎的な知識と技術を習得させる．情報を抽象化する方法としてアイコン，ピクトグラム，ダイヤグラムを，可視化する方法として表，グラフ，3次元表現，アニメーションを，構造化する方法としてページレイアウト，情報の階層化，ハイパーリンクなどを扱う．

## (2) ネットワークの設計と構築
### ア　情報デザインの要素
　情報デザインの要素として，形態，色彩，光や材質などを取り上げ，それぞれの特性などを理解させる．なお，形態については具象・抽象，点，線，面，色彩については色の三属性，色の体系，配色，混色などを扱う．
### イ　表現と心理
　情報デザインの意図を適切に表現するための心理的な知識と技術について扱う．観察と表現については，モチーフや表現形態，切断・分解，組合せなどの素材の活用法，遠近と透視図などについて扱う．また，造形と心理については，図と地，錯視，色と感情などを取り上げ，形態や色彩が心理や感情に与える影響，造形要素によって視覚的に伝えられる情報などについて扱う．
### ウ　意味の演出
　情報デザインを通して作者が伝えようとしている考えや意味について扱う．その際，目的に合わせて造形要素を選択し，効果的に利用して表現するための手法，複数の要素同士の適切な関係づくりのための手法，デフォルメ，合成などを扱う．また，情報デザインによる効果的な意味の演出と情報操作との相違，情報操作の問題点についても理解させる．
### エ　要素の構成
　情報デザインの意図に合せた空間や時間における要素の構成について扱う．目的に即した調和のとれた作品づくりに必要な空間や時間における要素の処理，構成・配置などに関する基礎的な知識と技術を習得させる．

## (3) 情報デザインと情報社会
### ア　情報デザインの実際
　社会や情報産業における情報デザインの具体的な活用状況について扱う．ポスター，新聞，雑誌，Web デザインなどを取り上げ，社会や情報産業における情報デザインの具体的な活用状況について理解させる．
### イ　人と情報デザイン
　コンピュータや情報通信ネットワークのさまざまな機能を簡単に操作できるようにする工夫，高齢者や障害者による利用を容易にする工夫などを取り上げ，社会生活における情報デザインの重要性について理解させる．その際，ユーザ

ビリティ，アクセシビリティ，ユニバーサルデザインなどについて扱う．

### 5.4.3 表現メディアの編集と表現

この科目は「コンピュータによる表現メディアの編集と表現に関する知識と技術を習得させ，実際に活用する能力を育てる」ことを目標にしている．

応用選択的科目であり，(1) 表現メディアの種類と特性，(2) コンピュータグラフィックスの制作，(3) 音・音楽の編集と表現，(4) 映像の編集と表現の4項目で構成されている．生徒は2～6単位程度で履修させ，指導にあたっては，次の内容の取扱いに留意する．

> ア　学校や生徒の実態に応じて，適切なアプリケーションソフトウェアを選択し，実習を通して，コンピュータによる表現メディアの処理にかかわる技法を著作権などの知的財産の取扱いにも留意して習得させること．
> イ　内容の(2)から(4)までについては，学校や生徒の実態に応じて，選択して扱うことができること．

#### (1) 表現メディアの種類と特性

ア　文字

文字コード，機種依存文字，各種フォントについて理解させる．

イ　図形

点，線，面，円，多角形などの基本図形の表現や座標変換による図形と投影図の生成などを扱う．

ウ　静止画

アナログおよびディジタル画像，画像の標本化・量子化・符号化，解像度と画像サイズ，階調表現，色彩表現，ペイント系およびドロー系ソフトなどを扱う．

エ　音

周期と周波数，音の標本化と量子化および符号化，音声データの圧縮，音の合成，オーディオ用メディアと記録方式，著作権保護技術などを扱う．

オ　動画

アニメーションなどを例に，画質，演出，モンタージュ理論，ファイル形式，

フレームサイズ，動画圧縮，ストリーミングなどを扱う．

(2) コンピュータグラフィックスの制作

ア　コンピュータグラフィックスの編集

写真やイラストレーションなどを取り上げ，それぞれの特性やコンピュータによる編集に必要な基礎的な知識と技術について扱う．色相・彩度・明度，カラーモード，色調や露出の補正，傷やごみとりなどの修正などを扱う．

イ　コンピュータグラフィックスによる表現

立体図形の表現の視点から，モデルの種類と特徴，モデルの生成法などについて扱う．3次元モデルの種類，モデリング，幾何プリミティブ，幾何変換，テクスチャ，マッピング，カラーリング，カメラワークなどを扱う．

(3) 音・音楽の編集と表現

ア　音・音楽の編集

PCM音源などを取り上げ，アプリケーションソフトウェアや録音機器などを利用した音や音楽の編集に関する基礎的な知識と技術を習得させる．

イ　音・音楽による表現

ナレーション，効果音，音楽などを取り上げ，映像作品における演出効果や同期効果など，音および音楽による表現に関する基礎的な知識と技術を習得させる．

(4) 映像の編集と表現

ア　映像の編集

タイムライン上でのカット編集，ビデオトランジション，ビデオエフェクト，テキストの挿入，音や音楽の挿入，キーフレーム操作などを扱う．

イ　映像による表現

生徒の興味・関心などに応じた課題を設定し，企画の立案からシナリオおよび絵コンテの作成，撮影，映像の編集などを取り上げる．

### 5.4.4　情報コンテンツ実習

この科目は「情報コンテンツの開発に関する知識と技術を実際の作業を通して習得させ，総合的に活用する能力と態度を育てる」ことを目標にしている．

応用選択的科目であり，(1) 情報コンテンツの開発の概要，(2) 要求分析

と企画，(3) 情報コンテンツの設計と制作，(4) 運用と評価の4項目で構成されている．4～8単位程度で履修させ，指導にあたっては，次の内容の取扱いに留意する．

> ア 実習を通じて，著作権などの知的財産の取扱いにも留意して，情報コンテンツを開発するための一連の作業を理解させること．
> イ 学校や生徒の実態及び開発する情報コンテンツに応じて，適切な規格、技術及び技法を選択すること．

## (1) 情報コンテンツの開発の概要
ア 情報コンテンツの開発の基礎

　情報コンテンツを開発する工程として，要求分析，企画・提案，設計，制作，評価などの作業を取り上げ，それぞれの作業の意義，役割や重要性などについて理解させる．その際，情報産業における具体的な事例を取り上げ，情報コンテンツの開発にかかわる産業の現状を取り上げる．

イ 開発工程と管理

　開発工程を円滑かつ適切に行うために必要なコスト管理，進捗管理や人事管理などの意義,役割や重要性などについて理解させる．また，プロジェクトリーダーの役割や工程管理表など管理手法についても理解させる．

## (2) 要求分析と企画
ア 要求定義

　面接法やブレーンストーミングなどを取り上げ，利用者の要求や市場の動向などを調査・分析する手法について扱う．要求分析の意義，役割や必要性について理解させるとともに，適切に要求分析を行うための基礎的な知識と技術を習得させる．

イ 企画

　情報コンテンツの利用者や開発依頼者の要求にこたえられる企画と提案を行うために必要な基礎的な知識と技術を習得させる．その際，市場のニーズや動向を調査・分析し，その結果を反映させた企画と提案を行うことがあることを理解させる．

## (3) 情報コンテンツの設計と制作

ア　情報コンテンツの設計

　概要設計や詳細設計を取り上げ，情報コンテンツを設計するにあたって，日程計画や詳細な仕様などを確定するために必要な基礎的な知識と技術を習得させる．制作段階のみならず，運用管理や保守においても重要な役割を担っていることを実際に作成させることによって理解させる．

イ　情報コンテンツの制作

　簡単な情報コンテンツの制作実習などを通して，これまでに学んだ情報コンテンツの制作・発信分野に関する知識と技術を総合的に習得させる．学校や生徒の実態に応じた情報コンテンツを開発し，著作物に関しては適正な方法で利用させる．

## (4) 運用と評価

ア　情報コンテンツの運用と保守

　具体的な例題や実習を通して，運用と保守に関する基礎的な知識と技術を習得させる．その際，それぞれの作業を適切に行うための計画づくりと組織化の必要性や重要性について理解させる．

イ　情報コンテンツの評価と改善

　情報コンテンツの評価と改善の意義や目的および重要性について扱うとともに，開発された情報コンテンツが，利用者や開発依頼者の目的や要求と合致しているかなどについて分析・評価させるとともに改善策を提案させる．

**参考文献**

[1] 文部科学省：高等学校学習指導要領解説 情報編，開隆堂出版（2010）

# 第 6 章　情報科教育と授業実践

## 6.1　授業実践例

### 6.1.1　「社会と情報」の授業実践例―1

(1) 学習単元

　インターネットのサービス

(2) 本時の学習項目

　Web を利用したコミュニケーション

(3) 実施授業時間数

　1 時間（50 分）

(4) 授業の目的

　オンラインのコミュニケーションを体験し，オフラインのコミュニケーションと比較して，その特性を理解し，状況や対象に応じて適切なコミュニケーション手段の選択ができるようにする．

(5) 学習内容

　・オンラインアンケートの特性を体験する．

　・電子掲示板が多様な意見を集める道具になることを体験する．

　・対面での話し合いと，オンラインのコミュニケーションの違いを考える．

(6) 教材の準備

　電子掲示板，オンラインアンケートなどのコミュニケーションシステムを準備する．これらは，授業支援システムに付属したものでもよいが，CMS（コンテンツ・マネジメント・システム）を用いてもよい．CMS を用いる場合は，地域や学校の実情に応じて，外部サイトに構築するか，校内のサーバなどに構

築するかを決める．ここでは CMS として，国立情報学研究所が開発した NetCommons を使用した例で説明する[1]．

(7) 指導方法

コミュニケーションのテーマは生徒の興味・関心に沿ったものが望ましい．授業の目的を達成するために，地域や学校，生徒の実情に応じて，どのようなテーマを設定し，授業のストーリーを作るかが大切である．ここでは，消費税率の変更をテーマにして，アンケートを行い，さまざまな意見を参考にしながら，適切な方法で消費税率を決定するというストーリーをたてた．

最初に図 6.1.1 (a) のようなアンケートをオンラインで実施する．紙で実施する場合と異なり，配布・回収の必要がないこと，集計が自動的に行われること，結果が即時に回答者にフィードバックされることを確認させる．

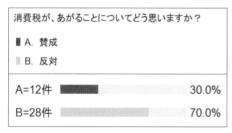

(a) 消費税率の変更をテーマとしたアンケート　　(b) 細かく記録される回答データ

図 6.1.1　オンライン上のアンケートの例

データは誰がどう答えたかということが細かく記録され，表計算ソフトウェアで処理できる形で提供されることを確認させ，安易にオンラインアンケートに答える危険性を指摘する．

次に消費税率を変更しなければならない理由を掲示板に書かせ，Web ページが自分の考え方を伝える手段になることを体験させる（図 6.1.2）．クラス全員の意見が掲示板に書かれたら，それを読ませ，さまざまな意見や考え方，異なる視点があることを実感させる．

さらに検索機能を使用させ，「社会保障」や「国の借金」などのキーワードを含む書き込みを検索させ，投稿されたものが記録性，検索性に優れていることを確認させる．消費税が上がったら困る点についても，掲示板に書かせ，同

**図 6.1.2　掲示板を用いた学習**

様なことを行う．

　最後に消費税に対する意見と消費税率を決定させる．あらかじめ準備したグループ分けを行い，消費税に対する意見と消費税率を決定させ，結果をグループごとにホームページで報告させる．

(8) 評価

　アンケートへの回答，掲示板への書き込みについて「意欲・態度」として平常点に加算する．また，Web 上での議論と対面での議論の違いについて，それぞれの長所と短所を，次の授業までにレポートに書かせて提出させ評価する．コミュニケーションの手段と特性について定期考査等で出題して評価する．

(9) 補足

　情報通信ネットワークの特性は，知識として理解するだけでなく，実際に使ってみて体で感じるようにしたい．効果的なコミュニケーションのための手段の選択は，このような体験と知識をもとにして行われる．メールも含めて，このようなコミュニケーション環境を準備し，日常的に使用することで利点や欠点，注意すべき点などを理解していくことが望ましい．

　校内でこれを実現するには，サーバや教員機などになんらかの CMS をイン

ストールするのがもっとも手軽である．毎時間の授業の進め方，参照するWebページなど事前にWebページの形でつくっておけば，効率的に授業を進めることができる．小テストなどもCMSを用いて行えば，数分で行うことができ，採点の必要もないので教員の負担が減る．

オンラインアンケートは，CMSや授業支援システムがなくても，Web上のサービスを利用することで可能である．毎時間ごとの自分の授業評価や，単元ごとの理解度，授業の進め方など積極的に活用するとよい．

(10) 学習指導案

本時における学習指導案をまとめると表6.1.1のようになる．

表6.1.1 学習指導案（本時）

| 段階 | 学習活動 | 教員の学習指導・学習支援 | 留意点 |
| --- | --- | --- | --- |
| 導入<br>5分<br>実習 | アンケートに答え，集計結果を見る． | アンケート画面の表示方法を説明し，答えさせる． | 集計が瞬時にされること，詳細データがダウンロードされることを示す． |
| 展開<br>15分<br>実習 | 消費税率を変更しなければならない理由，消費税が上がったら困ることを掲示板に書く． | 左記の理由を調べたり考えたりして簡潔に書くよう指導する． | 全員が意見を書き込むよう指導する．掲示板の画面で全員が書き込んだことを確認する． |
| 演示<br>5分<br>講義 | 検索の仕方を聞く | さまざまな視点からの理由があり，それが検索可能であることを示す． | 検索は実際に画面上で操作して見せる． |
| 展開<br>5分<br>実習 | 掲示板を読み，検索を実施する． | 一人一人発表していたら数倍の時間がかかることを指摘する． | ほとんどの生徒が掲示板に書かれた意見を読んだことを確認する． |
| 展開<br>15分<br>実習 | グループで消費税に対する意見と税率を決め，掲示板に書き込む． | グループに分かれ，話し合って結果を掲示板に書くよう指示する． | グループは4人程度に分ける．欠席などが多い場合は，グループ分けを適宜変更する． |
| 整理<br>5分<br>講義 | 説明を聞き，レポート課題を確認する． | 本時のまとめとレポート課題の説明をする． | コミュニケーション手段は，特性を知って利用すると効果的であることを指摘する |

## 6.1.2 「社会と情報」の授業実践例— 2

(1) 学習単元

　知的財産権

(2) 本時の学習項目

　知的財産権，著作権，産業財産権

(3) 実施授業時間数

　1時間（50分）

(4) 授業の目的

　・知的財産権が定められた理由を理解する．

　・現在の知的財産権について考える．

(5) 学習内容

　・「世界最初の知的財産権」についてインターネットで検索する．

　・検索した知的財産権の定められた目的を考える．

　・産業財産権の効果について考える．

　・著作権の効果について考える．

(6) 教材の準備

　学習内容を記録する課題用紙を準備する．知的財産権の定められた目的，産業財産権の効果，著作権の効果について説明するためのスライドなどを準備する．産業財産権についてはそれを応用した製品，知的財産権については写真やビデオなど具体的なものがあるとよい．

(7) 指導方法

　知的財産権を理解するためには，「それが何のためにつくられたか」を考えさせるとよい．そのために世界最初の知的財産権，それがつくられた理由，現在の知的財産権の順にまとめさせるプリントを作成して生徒に配布し，生徒自身に検索させ，考えさせ，調べさせる．

　最初に生徒に「世界最初の知的財産権」について検索させる．もっとも古いと思われるものを見つけたら挙手するようにいい，その年代と内容をホワイトボードに書いていく．検索時間は10分程度に区切るとよい．著作権や特許権と名前がつかなくても，知的財産を保護する行為であれば，「知的財産権」と

する．検索が進むにつれ，検索結果は時代をどんどん遡っていくことになる．

次に，古い方から順に三つくらいまでの知的財産権について，それが何のためにつくられたかについて考えさせる．これは生徒個人で考えさせるより，周りの生徒と意見交換しながら考えさせるように指示するとよい．考えた結果はプリントに記入させる．また，複数の知的財産権に共通するものを考えさせるとよい．

学習指導要領では，この分野の内容の取扱いとして「個人の適切な判断が重要」と指摘している．単に法律的知識をつけるのではなく，知的財産権全体に共通する考え方を学び，意見交換や発表を通じて，適切な判断ができるように指導する．

(a) 検索

(b) 意見交換

(c) 発表

図 6.1.3　指導方法のイメージ

(a) スマートフォン
特許権，実用新案権

(b) 時計
意匠権

(c) ミニカー型のマウス
意匠権

図 6.1.4　現在の知的財産権の例

知的財産に関する法律は，時代の変化に伴って改変されるものであることを理解させる．たとえば，情報通信が発達すれば，アップロードやダウンロードに関する規定ができるし，絵や音の記録がディジタル化すれば，それに対応したものになる．このように変化の激しいものに対応するためには，根本を理解して適切な判断ができることが必要であることを指摘する．

最後に現在の知的財産権についてまとめさせる．その際，どのような権利を誰に対して何年間保護するのかを記入させる．その際，できるだけ現物を示して権利の内容を説明する．たとえば，スマートフォンを示して画面のズームやインタフェース，リチウムイオン電池などは特許権によって保護されていること，ボタンの配置や構造などは実用新案権によって保護されていることを示す．

意匠権の例としては，時計やマウスなどを示すとよい．時計は機能的には同じでもデザインによって価格や売れ行きが大きく異なる．図 6.1.4（c）に示したミニカーはマウスである．フロントにあるホイールはタイヤに似せてつくられている．デザインを保護することの大切さは，具体的な物を示して説明することによって，実感として生徒に伝わる．

(8) 評価

提出されたレポートの内容で評価するとともに，定期考査で知的財産権に関する問題を出題して評価する．

(9) 補足

意図的に特許に出願せず，会社内で秘密として管理されているものは「営業秘密」とよばれ，これも知的財産権と考えることができる．不正に営業秘密を入手することは，不正競争防止法で禁止されている．歴史的には，紀元前2000年ごろのヒッタイトの製鉄法などがこれの元祖にあたると考えられる．

知的財産権は，保護とともにその活用も重要と考えられている．このため，ほとんどの権利には期間が定められており，一定期間がすぎれば自由に使用することができる．ただし，商標だけは，一定期間ごとに登録し直すことで継続して使用することが可能である．

(10) 学習指導案

本時における学習指導案をまとめると表 6.2.1 のようになる．

表 6.1.2　学習指導案（本時）

| 段階 | 学習活動 | 教員の学習指導・学習支援 | 留意点 |
|---|---|---|---|
| 導入<br>5分<br>講義 | プリントの記入の仕方を聞く． | プリントの記入の仕方を説明する． | 世界最初の著作権については，生徒全員に検索させる． |
| 展開<br>5分<br>実習 | 世界最初の知的財産権を検索し，手をあげて報告する． | 生徒の報告する知的財産権を年代とともに黒板などに記録する． | より古いものが報告されたら，黒板などに追加する． |
| 展開<br>10分<br>協議 | 知的財産権が何のために作られたか話し合う． | 隣や前後の生徒と積極的に意見交換するよう指示する． | 複数の知的財産権に共通するものを考えさせる． |
| 展開<br>5分<br>発表 | 知的財産権の作られた理由を発表する． | 5名程度の生徒を指名し，知的財産権のつくられた理由を発表させる． | 発表の要点を板書する． |
| 展開<br>15分<br>例示<br>記入 | 産業財産権，著作権の例を聞き，プリントに権利の概要を書く． | 例を示したもの以外は，教科書等を参考に記入するよう指示する． | できるだけ現物を見せて説明する． |
| 整理<br>5分 | まとめを聞く． | 本時のまとめを説明する．保護と活用のバランスについて説明し，許諾を取ることの大切さを述べる． | 「〜してはいけない」といった表現は使わない． |

## 6.1.3　「情報の科学」の授業実践例—1

(1) 学習単元

　色のディジタル表現

(2) 本時の学習項目

　加法混色，カラーディスプレイの仕組み

(3) 実施授業時間数

　1時間（50分）

(4) 授業の目的

　カラーディスプレイの仕組みを，簡単な実習を通して理解させる[4]．

(5) 学習内容

　ディスプレイ上の一つの画素（ピクセル）は，赤，緑，青の単色の光を発する三つの副画素（サブピクセル）から構成されており，光の三原色の加法混色

によりさまざまな色を表現できることを理解させる．

(6) 教材の準備

LEDライトペン，ルーペ，Wordなどのワープロソフトを準備する．LEDライトペンは，LEDと電池が付いているボールペンで，100円ショップなどで入手できる．ボールペンの蓋の部分にLEDと電池が内蔵されており，側面に点灯・消灯用のスイッチがある．

LEDにはさまざまな色があるが，授業では，光の三原色である赤，緑，青のものを用いる．LEDライトペンがない場合は，白色電球付のペン状のライトに赤，緑，青のセロハンを装着したものを使用してもよい．

また，ルーペは，100円ショップなどで入手したレンズが2枚重ねになっている高倍率のものを用意するが，理科の実験室から借用してもよい．

(7) 指導方法

図6.1.5のLEDライトペンを配布する．図6.1.6のように周りを暗くして，白い紙の上に各LEDからの光を集光して混色させる．赤，緑，青の各LEDのスイッチを消灯した場合を0，点灯した場合を1として，表6.1.3の括弧内にビットパターンとその合成色を記入させ，ビット数と色数の関係を把握させる．

図6.1.5　LEDライトペン

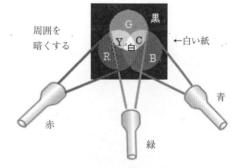

図6.1.6　加法混色の実験

ライトペンから出る光の明るさは，自由に変えることはできず，消灯時と点灯時の2段階の明るさしかない．つまり，赤，緑，青に各1ビットを割り当てると，合計3ビットで表現できる状態の組合せの数は，$2 \times 2 \times 2 = 2^3 = 8$通りであり，8色を表現できることを，表6.1.3を使って理解させる．

次に，図 6.1.7 のルーペを用いてディスプレイの画素を観察させる．ルーペはディスプレイから 1～3 cm 程度離した位置に置き，そこから 50 cm 程度離した位置から像を観察すると見やすい．

図 6.1.8 のように，ワープロソフトなどにおける文字色を変更するユーザ設定画面で，RGB の各成分の明度を調整したときの合成色が表示される部分をルーペで拡大する．RGB の各成分の値を変えると，ルーペで拡大したサブピクセルの明度が連動して変化することを確認させる．

赤，緑，青の各画素の明度が 256 段階では，表 6.1.4 のように数値で表すと，

表 6.1.3　3 ビットパターンと色数の関係

| 赤 | 緑 | 青 | 合成色 |
|---|---|---|---|
| (0) | (0) | (0) | 黒 |
| (0) | (0) | (1) | 青 |
| (0) | (1) | (0) | 緑 |
| (0) | (1) | (1) | シアン |
| (1) | (0) | (0) | 赤 |
| (1) | (0) | (1) | マゼンタ |
| (1) | (1) | (0) | イエロー |
| (1) | (1) | (1) | 白 |

3ビット　　　　　8色 ($=2^3$)

図 6.1.7　ルーペ

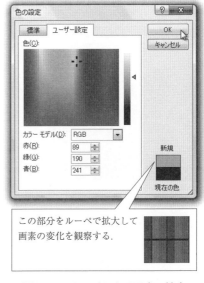

この部分をルーペで拡大して画素の変化を観察する．

図 6.1.8　ルーペによる画素の拡大

表 6.1.4 三原色の組合せ

| 赤 | 緑 | 青 |
|---|---|---|
| 00000000 | 00000000 | 00000000 |
| ⋮ | ⋮ | ⋮ |
| 11111111 | 11111111 | 11111111 |

$2^{24}$ 通り

24 ビット

　10進数では $(0)_{10}$〜$(255)_{10}$, 2進数で $(00000000)_2$〜$(11111111)_2$ となり, 赤, 緑, 青の各色の明度の組合せの数は, $256 \times 256 \times 256 = 256^3 = (2^8)^3 = 2^{24} = 16777216$ 通りとなり, 16777216 色を表示できることを確認させる. ライトペンでは, 8色しか表現できなかったが, カラーディスプレイでは 16777216 色を表現できることを理解させる. このとき, $n$ ビットで表現できる情報の場合の数が $2^n$ 通りであることを説明する. なお, 明度を変化させる方法は, 以下のように行うと効果的である.

　まず最初に, 二つの色の明度を0にしたまま, 残りの色の明度を0から255まで変化させる. その後, ある色の明度を255, 別の色の明度を0にしたまま残りの色の明度を0から255まで変化させる. 最後に, 二つの色の明度を255にしたまま残りの色の明度を0から255まで変化させる. このような変化をさせたときのサブピクセルの様子をルーペで拡大させて観察させる. たとえば黄色であっても, サブピクセルから黄色の光が出ていないことを確認させる.

(8) 評価

　回収した表を採点して通常点に加味するとともに, 本時の内容を定期考査等に出題して評価する.

(9) 補足

　赤緑青の各 LED の明るさを変え, 8色よりも多くの合成色を出すことができるフルカラー表示器[4] を使って演示すると, さらに効果的な授業を展開することができる.

(10) 学習指導案

　本時における学習指導案をまとめると表 6.1.5 のようになる.

表 6.1.5　学習指導案（本時）

| 段階 | 学習活動 | 教師の学習指導・学習支援 | 留意点 |
|---|---|---|---|
| 導入<br>5分<br>講義 | 前の生徒から後ろの生徒にライトペンを渡していく． | ライトペンと空欄の表を配布し，実習のやり方を説明する． | 配布に時間がかからないようにする． |
| 展開<br>10分<br>実習 | 三つのライトペンを点灯したり，消灯したりして加法混色し，表を完成させる． | 記入させた表を回収する． | 表は8行（8通り）とせずに，多めの行数にしておく． |
| 展開<br>5分<br>講義 | 解説を聞く． | 表を回収後，正解を示しながらビット数と色数の関係を解説する． | マゼンタやシアンの名称について注意する． |
| 導入<br>5分<br>講義 | 前の生徒から後ろの生徒にルーペを渡していく． | ルーペを配布し，実習のやり方を説明する． | ルーペと画面や眼の距離を注意する． |
| 展開<br>10分<br>実習 | 赤緑青の各明度の値を変えたときの画素の変化をルーペを使って観察する． | ルーペと画面や眼の距離が適切でない生徒には注意をする． | 赤緑青の明度の変化のしかたは本文参照． |
| 展開<br>10分<br>講義 | 解説を聞く． | ライトペンと比較しながらビット数と色数の関係を解説する． | $n$ ビットで表現できる情報の数は $2^n$ であることを説明する． |
| 整理<br>5分 | まとめを聞く． | 本時のまとめを説明する． | 配布されたルーペを回収する． |

## 6.1.4　「情報の科学」の授業実践例—2

(1) 学習単元

　　暗号化

(2) 本時の学習項目

　　公開鍵暗号，電子署名

(3) 実施授業時間数

　　1時間（50分）

(4) 授業の目的

　　公開鍵暗号と電子署名の仕組みを，簡単な演示を通して理解させる．

(5) 学習内容

　　同一鍵・南京錠（複数の南京錠とそれらを開錠できる一つの鍵）を使って公開鍵暗号方式を比喩的に説明する[4]．また，一つの南京錠とそれを開錠できる

複数の鍵（合鍵）を使って電子署名を比喩的に説明する[4].

(6) 教材の準備
- 同一鍵・南京錠（複数の南京錠とそれらを開錠できる一つの鍵）
- 一つの南京錠とそれを開錠できる複数の鍵（合鍵）
- 南京錠を引掛ける金具を取り付けた木製の印箱
- 同一鍵・南京錠は，同一キー南京錠ともいい，複数の南京錠を一つの鍵で開錠できるので，複数の鍵をもち歩く必要がない．また，南京錠を引掛ける金具を木製の印箱を改造した箱に取り付けておく．

(7) 指導方法

最初に，公開鍵暗号について説明する．図6.1.9のように，複数の南京錠を暗号化用の公開鍵に対応させ（①），一つの鍵を復号用の秘密鍵に対応させること（②）を説明しておく．

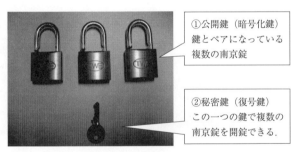

**図6.1.9　同一鍵・南京錠**

次に図6.1.10のように，ペアになっている南京錠と鍵のうち（③），受信者は前もって南京錠だけを送信者に送っておく（④）．送信者は第三者に見られたくない文書（平文）を箱に入れ，前もって受信者から送られてきた南京錠を使って施錠する（⑤）．この箱を送信者から受信者に送る．受信者は本人しかもっていない鍵を使って南京錠を開錠する（⑥）．

このとき，施錠した南京錠とペアになっている鍵をもっている特定の受信者しか開錠して箱の中の文書を見ることができない（⑦）．また，受信者から送信者に南京錠を送る途中で第三者に複製されても，複製した南京錠で施錠した南京錠を開錠することができない（⑧）．つまり，複数の南京錠（公開鍵）が存在してもよい．

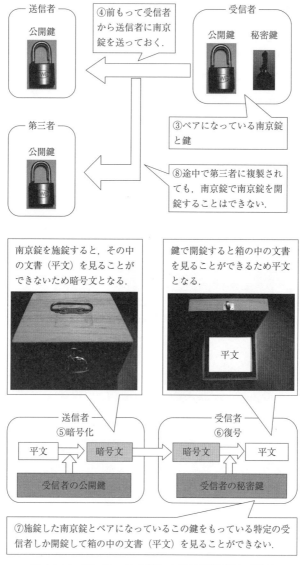

**図 6.1.10　同一鍵・南京錠による公開鍵暗号の説明**

　この南京錠を複数の人に配布することによって，不特定多数の送信者から特定の受信者に対して文書を送ることができる．

　このように，公開鍵暗号の仕組みを同一鍵・南京錠を使った比喩でわかりや

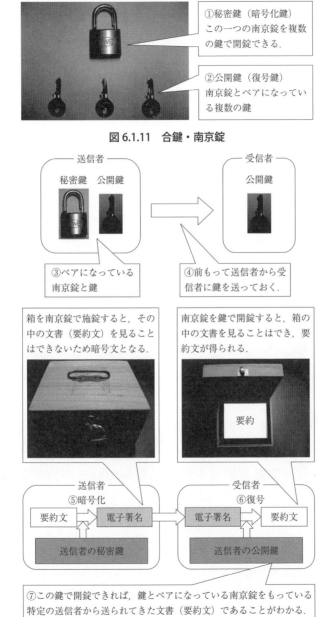

図 6.1.11　合鍵・南京錠

図 6.1.12　合鍵・南京錠による電子署名の説明

すく説明することができる．

次に，電子署名について説明する．図6.1.11のように，一つの南京錠を暗号化用の秘密鍵に対応させ（①），複数の合鍵を復号用の公開鍵に対応させる（②）ことを説明しておく．

次に図6.1.12のように，ペアになっている南京錠と鍵のうち（③），送信者は前もって鍵だけを受信者に送っておく（④）．送信者は文書を箱に入れ，自分しかもっていない南京錠で施錠する（⑤）．この箱を送信者から受信者に送る．受信者は前もって送信者から送ってもらった鍵を使って南京錠を開錠する（⑥）．開錠できれば，鍵とペアになっている南京錠をもっている特定の送信者から送られてきた文書（要約文）であることがわかり，文書の本人性を確認することができる（⑦）．

なお，受信者は複数であってもよいので，複数の鍵（公開鍵）が存在してもよい．このように，電子署名の仕組みを合鍵・南京錠を使った比喩でわかりやすく説明することができる．

(8) 評価

定期考査に公開鍵暗号や電子署名に関する問題を出題して評価する．

(9) 補足

電子署名は，本人確認や改ざん防止のために用いられる技術であるが，合鍵・南京錠のモデルでは，改ざん防止については説明することができない．

(10) 学習指導案

本時における学習指導案をまとめると表6.1.6のようになる．

## 6.2 協働自律学習を取り入れた情報科教育法の授業実践

現代社会は，情報化，グローバル化など急激な変化に伴い，知識基盤社会へと移行したといわれる．中央教育審議会[6]では，社会の期待に応える教育改革の一つとして課題解決のために自ら考え判断・行動できる「社会を生き抜く力」や「高付加価値を創造できる力」を育成することを掲げている．また，中央教育審議会答申[7]において，教員に求められる資質・能力の一つに「学び続ける力」があげられている．

高等学校における情報科担当教員には，学習者（生徒）主体の授業が設計で

**表 6.1.6　学習指導案（本時）**

| 段階 | 学習活動 | 教員の学習指導・学習支援 | 留意点 |
|---|---|---|---|
| 導入<br>5分<br>講義 | 暗号化の必要性について理解する． | インターネット上でやりとりされている情報は暗号化をしないと，第三者に容易に漏えいすることを説明する． | 漏えいするとどのようなことが起こるかを考えさせる． |
| 展開<br>5分<br>講義 | 暗号化に関する用語について把握する． | 本時の授業の中で出てくる暗号化，復号，平文，暗号文，公開鍵，秘密鍵，暗号鍵，復号鍵などの用語について簡単に説明する． | ここでは，用語の意味だけを説明しておく． |
| 展開<br>5分<br>講義 | 共通鍵暗号について理解する． | 共通鍵の利点と欠点を述べながら解説する． | 共通鍵の利用例についても述べる． |
| 展開<br>15分<br>演示<br>講義 | 公開鍵暗号について理解する． | 書画カメラで，図 6.1.9 と図 6.1.10 の教材を撮影し，動きを見せながら解説する． | 暗号化鍵が公開鍵で，復号鍵が秘密鍵であることを強調する． |
| 展開<br>15分<br>演示<br>講義 | 電子署名について理解する． | 書画カメラで，図 6.1.11 と図 6.1.12 の教材を撮影し，動きを見せながら解説する． | 暗号化鍵が秘密鍵で，復号鍵が公開鍵であることを強調する． |
| 整理<br>5分 | まとめを聞く． | 本時のまとめを説明する． | |

きる能力が求められている．そこで，大学における情報科教育法では，学習者（生徒）主体の授業を設計できるようになることを目指し，協働自律学習の考え方[8]にもとづく授業設計を行い実践した[9]．協働自律学習は，他者とチームを組み，協調しながら学ぶ学習方法である．学習者は何らかの役割をもつことで能動的に学習に参加するとともに，学習計画や授業を円滑に進めるための授業運営に関わることを通して，自らの学び方を学ぶことを重視した学習方法である．

本節では，2011 年度にある私立大学で行われた情報科教育法の実践事例について紹介する．情報科教育法 I では，教材開発をとおして情報科教育の目標や学習内容を学ぶことをねらいとし，情報科教育法 II では，授業設計，学習指導案の作成，模擬授業の過程を通して指導法を習得することをねらいとした．

## 6.2.1 情報科教育法 I（前期授業）の概要

### (1) 授業計画と授業内容

前期授業の授業計画を表 6.2.1 に示す．授業は全 15 週のうち，第 6 週目までを主に情報科教育の意義や目標を考える時間にあてた．第 7 週からは，教材作成を通して共通教科情報科の学習内容を深める時間とした．

表 6.2.1　前期授業の授業計画

| 実施週 | 学習内容とねらい |
| --- | --- |
| 1 | ガイダンス，チーム分け，学習目標を立てる |
| 2 – 3 | 情報社会の特徴 |
| 4 – 5 | 情報科教育の目標と意義，共通教科情報科の内容 |
| 6 | 確認テスト，教材作成の学習計画 |
| 7 – 9 | 教材作成（1）（教材および説明教材，種明かしスライド） |
| 10 | 開発した教材の発表と相互評価（第 1 回クイズ大会） |
| 11 – 13 | 教材作成（2）（教材および説明教材，種明かしスライド，チームの学習記録） |
| 14 | 開発した教材の発表と相互評価（第 2 回クイズ大会） |
| 15 | 振り返り，学習評価，最終レポートの作成 |
| 16 | 筆記試験 |

教材作成の課題は，Microsoft Powerpoint を用いたクイズ教材，クイズ教材を補足する説明教材，教材のねらいや活用方法などを示した種明かしスライド，チームの学習記録［教材作成（2）のみ］である．教材作成の過程は，失敗してもやり直すことが可能であることを示すことで学習者のモチベーションが維持できると考え 2 回導入した．作成する教材はチームで内容が重ならないように調整を行った．また，第 1 回に「社会と情報」の内容を選択したチームは，第 2 回では「情報の科学」の内容を選択するように設定し，より広く学習内容を学ぶことを条件とした．開発した教材は，クイズ大会を設定し，その中でチーム間の相互評価を行った．

チームの学習記録は，自らの学習過程を写真に撮り，その画像を用いてムービーメーカーでアルバムを作成する課題である．学習者が教材作成の過程を視覚的に振り返るために，また，次年度の学習者に向け教材作成のコツを伝えるために取り入れた．チーム学習において，チーム数やチーム分けは学習活動が

活性化するかどうかにかかわるため非常に重要であるが，前期授業では受講者数（10人）が少ないため，誕生日順でランダムに3チーム編成した．

## (2) 授業における学習活動の流れ

学習活動はテーマに応じて変わるが，大体1回の授業の流れは，図6.2.1に示すとおりである．まず初めに，授業者が①本時の目標，ゴール，学習の問いを学習者に示す．その後，②ガイドブックにある学習活動の手順をチームで確認し，学習に取り組む．授業終了の10分前には，③クラス全体で活動内容や習得した知識，今後の課題を共有するために，チームごとに全体発表を行う．個人の宿題としては，④授業時に配布する学習整理シートのまとめと，ネット上のコミュニケーション型学習システム[10]で振り返りの問いを課している．その他に，チームで作成する教材作成の課題がある．

| ①導入 | 目標，問い，ゴールの確認 | | 全体（約10分） |
|---|---|---|---|
| ②展開 | 学習活動の手順の確認 | チームで学習活動 | チーム（約70分） |
| ③まとめ | 全体で課題を共有 | | 全体（約10分） |
| ④課題 | 学習整理シートに整理 | システムで振り返り | 個人（約60分） |

**図6.2.1　前期授業における授業の流れ**

## (3) 学習者の実態に合わせた授業の修正

協働自律学習は学習者を主体とした授業であるため，設計初期段階では，学習活動を明確に示すことが困難である．学習者の実態に可能な限り合わせ，授業者は設計を練り直す必要がある．本授業では，a〜eにあげた実践後の修正により，学習者の協働自律学習につながる仕組みを設定することができた．

a. 目標，問い，ゴールの説明者を変更

授業者が全体に向けて行っていた本時の目標やゴール，問いの説明をチームのリーダーが行うように変更した．リーダーがチームにもち帰りメンバーに説明することにより，目標や問い，ゴールを分析する機会が生まれ，チームで課

題に対する共通理解がなされるようになった．また，その共通理解は，何か問題が生じた際に共有する視点として機能し，チームで問題を解決できるようになる．

b. 学習計画表の導入

学習者にゴールまでの見通しをもたせるために，また効果的な教材作成の手順に気付かせるため，学習管理の一つとして学習計画表を導入した．学習活動の予定に日付を記入し，学習が終われば蛍光ペンで色を塗る形式であったが，チームの学習を管理するとともに他チームの進捗状況も確認でき，教材作成の効果的な手順を比較することができる．また，授業者は学習者の進捗やつまずきなどを把握することができる．

c. 全体発表において学習整理シートの導入

進捗や課題を共有するための発表は自由にまとめるように指示していたが，限れた時間の中で気付きを共有し，さらに意識を発展させることは難しい．学習整理シートに気付いてほしい点をあらかじめ問いとして示すことで，学習者は授業の初めから終わりまで，問いを意識し学習活動に取り組むことができる．

d. 教材チェックシートの活用

教材作成（1）においては，教材の相互評価の視点を明確にするために，教材発表と相互評価の前週に教材チェックシートを提示した．しかし，教材を相互評価するための視点としては活用されたが，どこまで学習が進み，何が達成されたかの学習評価シートとしては機能しなかった．教材作成（2）では，目標を明確にして学習の進捗を常に把握するために，学習計画を立てる初期段階に示した．

e. 気付きへの支援

教材作成（1）では，クイズ教材を解いてから説明教材を確認する手順で実施したが，学習者は内容を十分に深めることなく主としてアニメーション，画像，音などの表現・技術について評価を行った．第2回目では，説明教材を学習すればクイズが解けるかという視点を導入し，教材の内容に意識を向ける仕組みを設定した．

(4) 成績評価

成績評価の内容を表 6.2.2 に示す．平常点の授業記録には，毎授業の学習を

振り返る学習整理シートの提出と，次回の授業につなげるための問いをシステムで課している．授業内課題であるチームで作成した教材は，チェックシートに従い他チームが評価を行い，その得点を成績評価として取り入れた．チーム貢献点は，個人がチームにどれだけ貢献したかを得点にしたもので，一人あたり5点の持ち点がある．四人チームの場合，5×4で20点のチーム点があり，貢献したことをチーム内で評価し合い，得点を分配する．

表 6.2.2 成績評価の内容と割合

| 内 容 | 割合（％） |
| --- | --- |
| 平常点（出席状況，確認テスト，授業記録等） | 25 |
| 授業内課題点（チームでの教材作成等） | 25 |
| 最終レポート点 | 15 |
| チーム貢献点 | 5 |
| 筆記試験点 | 30 |
| 合 計 | 100 |

最終レポートは個人で作成する課題であり，チームで作成した教材の企画書作成と学習者の学習評価として取り入れている．点数の基準をチェックリストで示し，その基準に従い自己評価を行い，成績評価の一部に取り入れている．最終週に行う筆記試験については，情報科教育の意義や目標，教科の内容について問うものであるが，授業内に確認を行っている．

### 6.2.3 情報科教育法 II（後期授業）の概要

(1) 授業計画と授業内容

後期授業では，学習者自身が授業設計の過程を体験することを通して，情報科教育の指導法を身につけることを目指している．

後期授業の授業計画を表 6.2.3 に示す．授業設計の過程も，前期授業の教材作成と同様に2回導入している．第1回および第2回授業設計ともに，他者と協調し自律的に学習ができる高等学校共通教科情報科の授業を開発することがゴールである．第 2, 3 週は，本授業がなぜ協働自律学習を採用しているか，また学習者が設計する授業のビジョンを共有するために導入している．

授業設計(1)では，授業者が設定した共通の決められたテーマに沿って授

表 6.2.3　後期授業の授業計画

| 実施週 | 内　容 |
|---|---|
| 1 | ガイダンス，チーム分け，学習目標を立てる |
| 2 - 3 | 情報科の指導法とは，知識基盤社会での学び方 |
| 4 - 9 | 授業設計（1）（授業デザイン，学習指導案・教材の作成，模擬授業，授業分析，チームの学習記録の作成） |
| 10 | 振り返りと授業設計（2）のテーマ設定 |
| 11 - 14 | 授業設計（2）（授業デザイン，学習指導案・教材の作成，模擬授業，授業分析，チームの学習記録の作成） |
| 15 | 最終レポートの作成と学習評価 |

業を開発し，授業設計（2）では，チームで自由にテーマを設定できる仕組みを導入した．授業デザインや学習指導案・教材の作成などチームで行う学習活動は基本的に授業中には行わず，チーム間で課題を相互評価したり，授業設計がより良いものになるよう質問・提案する場を重視した．後期授業のチーム分けは，前期授業での学習活動を踏まえ，授業が円滑に進むよう学習者らが自ら行っている．チーム内に男女が必ず含まれていることと，チームでの役割が重ならないことを条件にメンバーを決定しており，後期は2チームで実践を行っている．

　本授業では，授業終了後に，少しでも自らの学び方を見つめ，自己の生活と学習を結び付け将来を視野に入れて，生涯学習をデザインし，実現できる人材の育成に繋がるように学び方を学ぶことを重視している．本授業では，共通教科情報科の授業を設計し評価できるとともに，自らの学びも設計でき評価できることを目標としている．そのため，クラスで共有できるビジョンとして知識基盤社会での学び方を繰り返し意識させる仕組みを導入した．

　次に，学習者が評価基準を獲得するための仕組みとして，学習者の成果物はすべてチェックリストで評価基準を示した．教科教育法の授業においては，教科としての目標や学習内容が重要である．そのため，授業デザインおよび学習指導案，模擬授業のチェックリストには教科の目標や内容を確認する項目を入れるとともに，授業設計の最終段階においては，設計した授業に対し，「あなたたちの設計した授業を受けた生徒はどのような知識を習得し，どのような能力が身についたか」をチェックする学習成果チェックシートを示した．学習成

果チェックシートは，学習指導要領解説情報編[11]における各科目の内容とその取扱いから，期待できる成果を一覧にしたものである．

自らの学びをデザインし，評価する仕組みとして，前期授業と同様にチームでの役割の明確化，チーム貢献点，チームの学習記録を導入する．また，クラスでより良いものを設計することを意識づける仕組みとしてベスト質問賞を導入した．これらの仕組みは，授業設計（2）でも行い，日常的に学びを評価する基準を獲得できるように設計した．その成果として，学習者は，最終レポートにおいて高等学校の先生に向けて設計した授業をアピールする提案書を作成するとともに，最終レポートの評価基準は学習者らがクラスで統一したものを作成している．

(2) 成績評価

後期授業の成績評価の内容を表 6.2.4 に示す．授業内課題であるチームで作成した授業デザイン，学習指導案，模擬授業，チームの学習記録は，それぞれのチェックシート（評価基準）に従い他チームが評価し点数をつける．さらに，その点にチームメンバーの人数を掛け合わせ，個人がチームにどれだけ貢献したかで分配する．課題ごとにチーム貢献点を反映することにより，前期授業よりも個人のチームに対する役割の明確化を行った．例えば，授業デザインで他チームから 8 点をもらった四人チームの場合は，8 × 4 で 32 点をチーム内で評価しあい，分配する．

表 6.2.4　成績評価の内容と割合

| 内　容 | 割合（%） |
|---|---|
| 平常点（出席状況，小レポート，授業記録等） | 30 |
| 授業内課題点（授業デザイン，指導案，模擬授業，学習記録） | 50 |
| 最終レポート点 | 20 |
| 合　計 | 100 |

最終レポートは，システムで 3 回，授業内に 1 回の計 4 回，学習者らがクラスで作成した評価基準に従い相互評価を行った．最終的には，評価基準に従い自己評価した点数を成績に取り入れている．

## 6.2.4 学習者の学習に対する意識の変容過程

学習者の学習に対する意識は，前期と後期を通してどのように変容したのかを明らかにするために，学習者の学習記録を分析した．前期と後期のいずれも履修した6名を分析対象者とし，表6.2.5に示す問の内容を分析した．

**表6.2.5 分析対象における問いの内容**

| | 項 目 | 問いの内容 |
|---|---|---|
| 前期 | 学習記録（9週） | 教材作成（1）の振り返り |
| | 学習記録（10週） | 教材作成の反省点と改善方法 |
| | 最終レポート（15週） | 本授業で何を学習したか |
| 後期 | 学習記録（8週） | 授業設計（1）の振り返り |
| | 学習記録（9週） | 授業設計の反省点と改善方法 |
| | 最終レポート（15週） | 本授業で何を学習したか |

まず，分析対象の学習記録のうち，学習に対する意識に関する内容を抽出し，時系列に並べた．表6.2.6は，記述された内容をカテゴリ化し，授業の流れ（時系列）とカテゴリで整理したもので，表中の数字は人数を表している．

**表6.2.6 本授業で見られた学習者の学習に対する意識**

| | 消極性・不安・戸惑い | 作業分担 | 目標の共有 | 視野の拡大 | 意見交換 | 達成感 | 協調性 | 合意形成 | 積極性・主体性 | 貢献 | 自律・責任 | 主体的な学び |
|---|---|---|---|---|---|---|---|---|---|---|---|---|
| 授業開始時 | 6 | | | | | | | | | | | |
| 教材作成 | | 6 | 5 | 3 | 2 | | | | | | | |
| 前期終了時 | | 2 | 5 | 3 | 1 | | 2 | | 1 | | | 1 |
| 授業設計 | | | | 5 | 2 | 1 | 1 | | 4 | | | |
| 後期終了時 | | | | 1 | 4 | 2 | | 3 | 4 | | | 4 |

授業開始時において，「息詰まることが多かった」，「意見を出せない」など不安や戸惑い，授業に対する消極的な態度を表現した学習者は6人中6人であった．個人によって，またチームによっても気付きやその時期は異なるが，授業が進むにつれ，記述されるカテゴリに変化が生じていることがわかる．

授業開始時においては，チームで学習することの不安や戸惑いが伺えるが，チームに馴染むことにより，意見交換の意義や作業分担の必要性に気付く．その過程で，達成感を得て協調性を養う．しかしながら，自己の視野の広がりや，分配した課題をこなすという意識は，個人学習をベースにおいている．さらに学習が進むと，意見の違いをどのように合意形成するか，自ら主体的に積極的に学習に参加するようになる．さらに，自律的に責任感をもってチームに貢献する，他者に迷惑をかけないように行動するといったチームやクラスを学習のベースにおくようになる．

　授業は，このような学習者の学習に対する意識の移行過程にあわせて設計する必要がある．授業の初期段階ではチームを活性化させることを重視する．チームで意見を出し合うことができるようになれば，その後，共通性を多く持たせた課題などチーム間で比較できる仕組みを取り入れる．チーム間で，次につながる意見交換ができるようになれば，最終的にはクラスで一つのものを創造できる仕組みを取り入れることができる．

　一般的に，チームメンバーの人数が少ない場合，議論が深まらない懸念や，欠席が生じるとメンバーの負担が大きくなる可能性がある．また，チーム数が少ない場合，チーム間で成果を比較，評価することが難しくなる．

　本授業では，メンバーそれぞれが重要な役割を果たしていることを認識し積極的にチームに参画すること，チーム内の成果だけでなく他のチームの成果もより良くなるように関わること，クラスで一つのものをつくり上げることなどを意識することで，協働自律学習の枠組みを適用することができた．

## 参考文献

[1] NetCommons プロジェクト公式サイト，http://www.netcommons.org
[2] 鹿野利春：教科「情報」の授業 on クラウド，全国高等学校情報教育研究会全国大会第6回京都大会要項（2013），pp.26-27
[3] アイデア（特許）・デザイン（意匠）・ブランド（商標）を守るためには？，特許庁リーフレット（2013）
[4] 天良和男：情報の科学的な理解を深めるための教材開発と実践，日本情報科教育学会誌，Vol.3, No.1（2010），pp.34-43
[5] 天良和男：身の回りの事物などを使った教材による授業実践，日本情報科教育学会誌，Vol.6, No.1（2013），pp.17-26

[6] 中央教育審議会大学分科会大学教育部会（第17回）：社会の期待に応える教育改革の推進 (2012)．http://www.mext.go.jp/b_menu/shingi/chukyo/chukyo4/015/gijiroku/__icsFiles/afieldfile/2012/06/20/1322560_1_2.pdf（2014年10月確認）
[7] 中央教育審議会：教職生活の全体を通じた教員の資質能力の総合的な向上方策について（答申），(2012)．http://www.mext.go.jp/b_menu/shingi/chukyo/chukyo0/toushin/1325092.htm（2014年10月確認）
[8] 西之園晴夫，宮田仁，望月紫帆：教育実践の研究方法としての教育技術学と組織シンボリズム，教育実践研究，Vol.8, No.1（2006），pp.23-34
[9] 髙橋朋子，望月紫帆：情報科教育法における協働自律学習を取り入れた授業設計と実践，日本情報科教育学会誌，Vol.5（2012），pp.9-18
[10] 株式会社ネットマン：C-Learning，http://asp.c-learning.jp/
[11] 文部科学省：高等学校学習指導要領解説 情報編，開隆堂出版，(2010)

# 第 7 章　学習指導と学習評価のあり方

## 7.1 授業をデザインする

### 7.1.1 授業デザインとは

　教員は，日々授業に臨む際，授業をデザインする必要がある．授業デザインとは，単に学習指導案を作成することではない．そもそも授業は，対象学年や教科，学習目標や学習内容だけでなく，扱う教材，教育方法や評価方法，生徒や教員の特性，ICT 環境などの違いによって変わるべきであり，想定する授業のバリエーションをあげればきりがない．また，教員は授業の最中も生徒の理解度や学習状況に応じて，学習指導や学習支援の方法を柔軟に変えながら生徒の学びを促進させることが望まれる．さらに授業後は，学習評価の結果を受け，修正すべき点について議論し，その知見を次に生かすことで，授業を絶えず改善していくことが求められる．つまり，授業デザインとは，以下の五つを繰り返すことで，持続的に授業の活動全体をデザインすることである．

- 学習目標や教材内容，学習環境，生徒や教員の特性，学習活動などによってもたらされる学習効果を予測しながら，教育方法を立案していくこと．
- 授業の過程における生徒の学習状況を想定し，一連の学習支援をどのように進めたらいいかを決定すること．
- 授業の途中または前後に，どのような学習評価を行うかを決定すること．
- 上記に従い，授業を実施すること．
- 学習評価の結果を受け，授業改善を行い，その知見を次の授業の設計に生かすこと．

## 7.1.2 指導と評価の一体化

授業において，学習指導と学習評価は切り離されるものではなく，学習評価の結果によって後の学習指導を改善し，さらに新しい学習指導をつくり，その学習成果を再度評価するという一連の活動が求められる．これは，学習評価をその後の学習指導の改善に生かすとともに，学校における教育活動全体の改善に結びつけることが重要であると考える「指導と評価の一体化」によるものである．情報科においても，生徒の学習状況を適切に評価し，学習評価を学習指導の改善に生かすという視点を一層重視して，より効果的な授業がデザインされるよう，工夫を図っていくことが重要である．

## 7.1.3 授業デザインサイクル

「7.1.2 指導と評価の一体化」にあるように，授業のデザインの過程は，授業の計画（Plan），実施（Do），評価（Check），改善（Action）の一連のサイクルとして捉えることができる（図 7.1.1）．これを「授業デザインサイクル」とよび，教員は，このサイクルをまわすことにより学習目標や学習内容，生徒の特性，教材やICT環境などのさまざまな授業の構成要素に適応する授業を計画，実施する．そして，評価と改善を繰り返しながら，持続的に授業の質を向上させることで，教育の質の保証につなげることができる．

授業デザインサイクルは，学

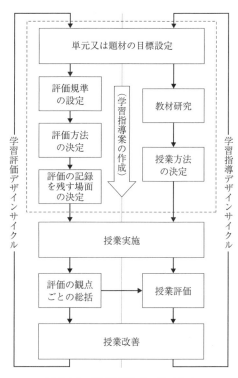

**図 7.1.1　授業デザインサイクル**

習指導をデザインする「学習指導デザインサイクル」と，学習評価をデザインする「学習評価デザインサイクル」を互いに同期させながら，一連の PDCA サイクルとして実行される（図 7.1.1）．

## 7.2 学習指導のデザイン

学習指導のデザインにおいて，重要となる教員の活動が，授業の教材を決定し準備する「教材研究」と，学習活動や学習形態，学習支援などについて決定する「授業方法の決定」である．

### 7.2.1 教材研究

教材研究は，教員が学習指導をデザインする際に必要となり，何を用いて授業を行うかを考え準備する大切な活動である．とくに情報科においては，情報通信ネットワークや PC などの ICT 機器（以下，教育 ICT）を活用する場面が多く想定されるため，密な教材研究が求められる．

一般に教材は，教育活動を行うための素材となる「学習教材（学習材）」または「授業教材」と，教育活動を行うための手段や方法的な道具を意味する「教具」または「ツール」があり，いずれも学習指導を効果的に進める役目をもった用具といえる．教育 ICT は，後者のツールとしての役割を担い，情報科にとってとくに重要な教材といえる．

(1) 教材研究の流れ

教材は，学習指導デザインサイクルの中で開発され，そして絶えず改善される（図 7.2.1）．教材研究の流れとしては，学習目標を把握して内容を深く理解し，学習者の状況（学力や経験など）にもとづいて，どのような教材が適切であるかを考え，具体的に教材の分量や配列を構想する．そして，教材の構想にもとづいて教材の準備または開発を行う．ここまでの活動は一般に，授業計画の段階に行われる（狭義の教材研究）．そして授業実施後は，学習評価の結果を受け，教材を改善し，次の授業での活用へとつなげていく．これら活動を繰り返し行うことで，学習者に応じた優れた教材を持続的に作成することが可能になる（広義の教材研究）．

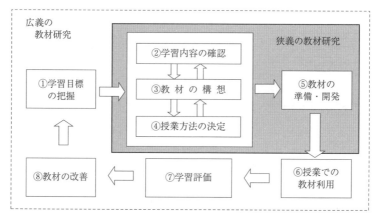

図 7.2.1　教材研究の流れ

## (2) 教材を準備するときの観点

教材研究を行う際の観点として，次の四つがあげられる．これらに配慮することで，教材活用の有効性や実行可能性を高めることができる．

**a. 教材と学習目標や学習内容にどのような関係があるか**

学習指導要領や教科書に対応した指導書などを参考にして，学習目標を把握し，学習内容を確認しながら教科書分析を行い，単元との関係でどのような教材が適切かを判断する．

**b. 教材は生徒に合っているか**

授業や特別活動などを通した生徒理解を踏まえ，生徒の特性に応じた教材になっているかを判断する．

**c. 教育 ICT の選択は適切か**

情報科において，教育 ICT の活用は必須である．教育 ICT の選択は，各生徒の情報活用能力や活用経験を考慮する．また，教員自身の ICT 活用指導力や指導経験などの教員の特性に応じたものになっているかを判断する．

**d. 学習環境，とくに ICT 環境は整っているか**

その教材を用いた授業を行うだけの学習環境，とくに ICT 環境が整っているかを判断する．

## (3) 教育 ICT の分類

情報科の授業では，コンピュータや情報通信ネットワークなどの ICT 環境

を整えるとともに，教育ICTをツールとして活用することが求められる．教育ICTツールに関しては，8.2節を参照してほしい．

### 7.2.2 授業方法の決定

教員は学習内容と教材の次に，具体的な授業方法について決定する．まず，授業中の生徒の学習活動とそのときの学習形態について決め，学習活動の過程におけるさまざまな学習状況を想定して教員による学習支援を決定する．

(1) 学習活動

学習指導のデザインにおいて，生徒が行うべき学習活動を選定することは，もっとも重要な決定事項である．教員は学習指導要領やその解説，教科書などから生徒の学習活動を選択し，想定する授業に適用することで最適な学習活動を決定することができる．

(2) 学習形態

一般に学習形態は，授業における学習者の組織の仕方に視点をおいて分類されることが多く，次のa～cの三つの基本形態に分けられる．

a. 一斉学習

クラスの生徒全員に，同質で同内容の学習指導を教員が進度を制御しながら行う．情報を活用するための基本的な知識や技能を習得する場合に多く採用される．一般的には，教員が普通教室やコンピュータ教室で，黒板や電子黒板，実物投影機などを用いて行う．教員は授業を主導し，生徒に対し学習内容を教え込むための指導者としての役割が強くなる．

b. 個別学習

生徒が一人で行う学習である．教員は生徒の学習支援を行うファシリテーターとしての役割が強くなる．近年，個性の伸長が教育目標に掲げられ，自己教育力の育成が求められていることもあり，情報科においても個別学習を採用する場合が少なくない．たとえば，ソフトウェアの利用を習得するような学習の場合，個人で進度が異なるため，生徒が個々のペースで技術を身に付けていく方が合理的であり，かつ学習指導も行いやすい．

c. グループ学習

クラスをいくつかの小集団に分け，その小集団を基盤に進める学習である．

学習集団を小規模化するメリットとしては以下があげられる．
　(i) 少人数であれば集団のもつ心理的圧迫感が少なく，一人ひとりの発言や活動も多くなる．
　(ii) グループで学習活動を分業することにより，一人ではできなかったことができるようになる．
　(iii) 小集団による活動を通して協力し合って学習する機会が増え，生徒の社会性を育成することができる．
　(iv) 小集団では生徒相互の間に異質な経験や思考の交流が行われやすいことから，集団による思考の高まりが期待できる．

　つまり，集団の構成員が役割を分担して課題に対処することで，個人では解決が難しい問題の解決や時間的に実現できないような課題作成に取り組むことができるようになる．たとえば，地域を分担して情報の収集活動を行い，個別にWebページを作成し，相互にリンクを付けて地域紹介のWebサイトをつくるような活動が考えられる．

　一方，近年，社会構成主義的な教育観を背景として，cのような単なるグループ学習と区別し，チームワークや学び合いを基調とした実践的な学習形態として，次のdとeがよく用いられるようになった．これらは，情報活用能力を育成するうえで効果的な学習方法として捉えられている．

d．プロジェクト学習

　プロジェクト学習は，学習者が課題を設定し，解決方法を考え，課題を解決してその結果を報告するという現実に即した学習である．キルパトリックが，プロジェクトメソッドとして提案した教育方法である[1]．通常，プロジェクト学習は，チームとしてのグループで行う場合が多く，課題解決的な学習に向いていることが特徴である．

　情報活用能力を育成するには，問題解決学習の経験が必要であるため，情報教育に適した学習方法であり学習形態であるといえる．プロジェクト学習では，一般的に次の六つの過程を経て行われる．
　(i) グループを編成し課題を設定する過程
　(ii) 作業計画を立て，役割を分担する過程
　(iii) 情報を計画的に収集し，整理・分析・統合して，解決策を見出す過程

（iv）解決策に沿って，実際に問題を解決する過程
（v）報告書にまとめ，発表する過程
（vi）学習のプロダクトや発表を評価する過程

e. 協働学習

　協働学習は，メンバーが互恵的に協力し合い，教え学び合うことで，メンバー間で共有された課題を解決する．協働学習の場合，単なるグループ学習とは異なり，役割は相互に重なり，一斉学習や個別学習を挟みながら，お互いが影響し合って，クラス全体が協働的に学び合うコミュニティとして機能するよう学習が進められる．協働学習の特徴としては，以下があげられる．

（i）グループ内で相互に学び合いが起こる

　メンバーが情報活用に関する知識や技術を相互に教え合い，学び合う．

（ii）メタ認知が誘発され，学習が生起される

　他のメンバーの学習に対する多面的な視点や考え方を知ることで，メタ認知が誘発され，それぞれの学習が生起される．たとえば，グループ討論で，プレゼンテーションの方法や内容などのアイデアを出し合う中で，自己の表現方法を見出し洗練させていく．

（iii）協働的な学習活動に参画する態度が育成される

　学習の過程の中で協働して学ぶ態度が求められることによって，グループでの問題解決に主体的に取り組み，参画する態度が育成される．たとえば，グループに与えられた課題に対して，協働で情報を収集・分析し，解決案をつくり，それを実行する過程で，責任感や連帯感，達成感などが醸成され，協働的な学習に積極的に関与する態度の育成が期待できる．

(3) 学習支援

　学習指導を効果的に行うためには，学習活動と学習形態の組合せだけでは十分ではなく，教員による学習支援が重要になる．学習活動中における生徒の学習状態に応じた学習支援が，生徒の学びの足場かけとなり，生徒中心の学びを実現させる．表 7.2.1 は主な学習支援の一覧である．

表 7.2.1　主な学習支援

| 学習支援名 | 説　明 | 有効な学習形態 |
| --- | --- | --- |
| 教授，教示 | 生徒に対し，教員が知識やスキルについて教え込む． | 一斉学習 |
| 発問，問いかけ | 教員が生徒と問答しながら，生徒の学習状況を把握し，適応的な指導を行う． | 一斉学習 |
| 議論促進，コミュニケーション支援 | 生徒同士の議論や協働作業が円滑に進むよう適応的な支援を行う．必要に応じてグループ編成を変更する． | グループ学習 |
| 表現，演示 | 生徒に対し教員が実際にやってみせることで，生徒に模倣させ学びを支援する． | グループ学習／個別学習 |
| 誘導 | 学び方がよくわからない生徒に対し，次の活動を促すことで学びを支援する． | グループ学習／個別学習 |
| Q&A | 生徒の質問に対し回答する． | 個別学習 |
| 説明 | 学習状況を踏まえ，生徒に対し補足説明を行う． | 個別学習 |
| 声かけ | 動機付けや動作促進のために行う．褒める，励ます，叱咤激励，受容などがある． | 個別学習／グループ学習／一斉学習 |
| 評価，フィードバック | アセスメントとしての評価活動を行う．教員評価，他者評価，相互評価，自己評価などがある． | 個別学習／グループ学習／一斉学習 |

## 7.3　学習評価のデザイン

　指導と評価の一体化を図るためには，学習評価のデザインが不可欠である．学習評価のデザインは，学習指導要領を踏まえた目標に準拠した評価による「観点別学習状況の評価」と「評定」を実施するためのデザインである．

### 7.3.1　学習評価とは

　学習評価とは，学習者にどれだけ学習の成果があらわれたか（あらわれているか）を測るための評価である．学習目標の達成状況を単なる知識だけでなく多面的な観点から学習過程全体を通して行われる．

　学習評価の基本的な考え方として，平成22年3月の中央教育審議会初等中等教育分科会教育課程部会報告「児童生徒の学習評価の在り方について」では，以下のように説明している[2]．

・目標に準拠した評価による「観点別学習状況の評価」や「評定」を着実に実施すること．
・観点別学習状況の評価の趣旨を踏まえ，ペーパーテストに平常点を加味した成績づけにとどまらないように配慮し，授業改善につなげること．
・学校が，地域や生徒の実態を踏まえて設定した観点別学習状況の評価規準や評価方法等を明示し，それらに基づき適切な評価を行うなどにより，高等学校教育の質の保証を図ること．

〈まめ知識〉エバリュエーションとアセスメント
　一般的に，「評価」という言葉は，評定（grading），エバリュエーション（evaluation），アセスメント（assessment）の三つの意味で使われる．アセスメントは，学生の学習状況について，体系的に情報や証拠を収集・分析し，期待される学習成果を獲得しているかどうかを検証する活動を指す．一方，継続的なアセスメント結果を受け，必要な意思決定や価値判断を行うことがエバリュエーションであり，最終的な格付けが評定である．また，アセスメントは，学習の中に埋め込まれており，アセスメントを行うこと自体が，学習そのものである．つまり，観点別学習状況の評価の「評価」とは，アセスメント活動を指し，学習活動と切り離されることなく，継続的に行われるものであるといえる．

### 7.3.2　学習評価の分類

学習評価は，三つの視点から比較し分類することができる．

a．評価の基準の決め方による分類[3]

評価の基準の決め方によって，大きく以下の三つに分類できる（表7.3.1）．

表7.3.1　評価基準の決め方による分類

|  | 集団に準拠した評価<br>（相対評価） | 目標に準拠した評価<br>（絶対評価） | 個人内評価 | |
|---|---|---|---|---|
|  |  |  | 縦断的評価 | 横断的評価 |
| 基準の立て方 | 相対的な位置<br>（優れているか劣っているか） | 目標の達成度<br>（目標到達を達成したか否か） | 進歩の程度 | 個人内での比較 |
| 長所 | 他の人たちとの関係において客観視できる | 学習指導に生かすことができる | 努力を促す | 個性の自覚を促す |
| 短所 | 目標にどの程度到達しているのかを把握しにくい．集団によっては，学習効果を反映した評価にならない． | 手順が煩雑であり，解釈が恣意的になる． | これだけでは不十分であり，他の評価を併用する必要がある． | |

現在の学習指導要領を踏まえた学習評価では，目標に準拠した評価を着実に実施することが求められている．

b. 評価の時期と目的による分類[3]

評価の時期と目的によって大きく以下の三つに分類できる（表7.3.2）．とくに，学習評価では，学習過程で学習状況をきめ細かく見る形成的評価が重要な役割を担う．学期末などに行う評定は，総括的評価に位置付けられる．

表7.3.2 評価の時期と目的による分類

| 時期 | 名称 | 特徴 |
|---|---|---|
| 事前 | 診断的評価 | ・学習の可能性を評価する<br>・学習の前提要因となる基礎的な知識・技能を対象とする<br>・学習指導計画，グループなどの編成に役立てる |
| 事中 | 形成的評価 | ・学習状況を把握し，学習の達成度／理解度を評価する<br>・短期的に達成した項目ごとにチェックする<br>・補充指導などに役立てる |
| 事後 | 総括的評価 | ・学習の達成度／理解度を総合的に評価する<br>・単元，学期，学年ごとに達成を総括する<br>・カリキュラム評価などに役立てる |

c. 評価者による分類

誰が評価を行うかで学習評価は大きく以下の四つに分類できる（表7.3.3）．ここでの評価はアセスメントを指し，生徒同士で行う相互評価や自分自身で行う自己評価によって生徒は多くのことに気付くことができ，メタ認知が誘発されることで学習が生起される．

### 7.3.3　観点別学習状況の評価[4]

観点別学習状況の評価とは，教科における各生徒の学習状況を学習指導要領に示された目標に照らし，いくつかの観点ごとにアセスメントする学習評価である．

(1) 評価の観点

観点については，学校教育法に示された学力の三つの要素を踏まえて，四つに整理されている（表7.3.4）．

情報科における評価の観点を表7.3.5に示す．これら四つの観点をもとに分析的に評価し，指導と評価の一体化をさらに進めていくことが重要である．

表 7.3.3　評価者による分類

| 名　称 | 評価者 | 説　明 | 期待される効果 |
|---|---|---|---|
| 自己評価（セルフアセスメント） | 自分自身 | 生徒自身が自分の人となりや学習の状態・成果について振り返ること. | 学習状況を把握し，課題遂行の進み具合やその成果について確認し，今後の学習や行動を調整することで，新たな学習が生起される. |
| 相互評価（ピアアセスメント） | 仲間 | 級友などの仲間同士が互いに評価し合うこと．協働的な学び合いの中に埋め込まれる. | 評価相手の成果から学んだり，自分が教えることで自身の学びが整理され学習が促進される．学習者をより自律的にさせ，学習動機を高めるとともに，さまざまな気付きを与え自己の内省（自己評価）が誘発される. |
| 教員評価 | 教員 | 教員が学習の到達状況の把握や子どもの質問やつまずきに対する適切なフィードバックを行うこと. | 学習につまずいている子どもたちが，自ら学習理解や問題解決を図るための足場かけ（scaffolding）を与えることとなり，学習支援として機能する. |
| 他者評価 | 専門家，保護者などの他者 | 他者による評価であり，たとえば，専門家による専門的な立場からのフィードバックや保護者や地域の人々から学習についての意見を聴取すること. | 多様なフィードバックを生徒らに与えることができるだけでなく，教師と保護者（地域）が一体となり生徒たちを教育する手段となり得る. |

表 7.3.4　学力の三要素と評価の観点

| 学力の三要素 | 観　点 | 趣　旨 |
|---|---|---|
| 基礎的・基本的な知識・技能 | 知識・理解 | 各教科などにおいて習得すべき知識や重要な概念などを理解していること. |
| | 技能 | 習得すべき技能を身に付けていること. |
| 知識・技能を活用して課題を解決するために必要な思考力・判断力・表現力など | 思考・判断・表現 | 知識・技能を活用して課題を解決することなどのために必要な思考力・判断力・表現力などを身に付けていること．なお，「表現」とは，基礎的・基本的な知識・技能を活用しつつ，各教科の内容に即して考えたり，判断したりしたことを，児童生徒の説明・論述・討論などの言語活動などを通じて評価することを意味している. |
| 主体的に学習に取り組む態度 | 関心・意欲・態度 | 学習内容に関心をもち，自ら課題に取り組もうとする意欲や態度を身に付けていること. |

表7.3.5 情報科における評価の観点[2]

| 関心・意欲・態度 | 思考・判断・表現 | 技能 | 知識・表現 |
|---|---|---|---|
| 情報や情報社会に関心をもち，身のまわりの問題を解決するために，自ら進んで情報及び情報技術を活用し，社会の情報化の進展に主体的に対応しようとする． | 情報や情報社会における身のまわりの問題を解決するために，情報に関する科学的な見方や考え方を活かすとともに情報モラルを踏まえて，思考を深め，適切に判断し表現している． | 情報及び情報技術を活用するための基礎的・基本的な技能を身に付け，目的に応じて情報及び情報技術を適切に扱っている． | 情報及び情報技術を活用するための基礎的・基本的な知識を身に付け，社会における情報及び情報技術の意義や役割を理解している． |

## (2) 観点別学習状況の評価のための評価規準

各学校における観点別学習状況の評価が効果的に行われるよう国立教育政策研究所において「評価規準の作成，評価方法等の工夫改善のための参考資料」が教科ごとに取りまとめられた[2]．

この資料の中では，各教科の内容のまとまりごとに「評価規準に盛り込むべき事項」が示されており，それに対応し，単元や題材ごとの評価規準を設定するにあたって参考となるよう「評価規準の設定例」が示されている．観点別学習状況の評価を進めるにあたっては，これらを参考にし，各学校において適当な評価規準を設定することが求められる．

情報科においては，この資料の第2編に「情報の科学」の評価規準が掲載されている[2]．一方，「社会と情報」の評価規準に関しては，【評価規準に盛り込むべき事項及び評価規準の設定例（社会と情報）】を章末に資料として示しているので参考にしてほしい[5]．

## (3) 評価の方法

観点別学習状況の評価の方法については，次のように言及されている[2]．

評価方法については，各学校で各教科・科目の学習活動の特質，評価の観点や評価規準，評価の場面や生徒の発達の段階に応じて，観察，生徒との対話，ノート，ワークシート，学習カード，作品，レポート，ペーパーテスト，質問紙，面接などの様々な評価方法の中から，その場面における生徒の学習状況を的確に評価できる方法を選択していくことが必要である．加えて，生徒による自己評価や生徒同士の相互評価を工夫することも

考えられる.

　評価を適切に行うという点のみでいえば,できるだけ多様な評価を行い,多くの情報を得ることが重要であるが,他方,このことにより評価に追われてしまえば,十分に指導ができなくなるおそれがある.生徒の学習状況を適切に評価し,その評価を指導に生かす点に留意する必要がある.

　なお,ペーパーテストは,評価方法の一つとして有効であるが,ペーパーテストにおいて得られる結果が,目標に準拠した評価における学習状況の全てを表すものではない.

つまり,観点別学習状況の評価では,生徒の学習全体を多様な学習記録(一般的に紙のものをポートフォリオ,電子的なものをeポートフォリオという)を蓄積・活用して,生徒自身の自己評価,生徒同士の相互評価を駆使しながら,多面的な評価(アセスメント)を行うことが求められる(表7.3.6).授業では,評価計画にもとづいて意図的,計画的に生徒の学習状況を評価するとともに,多様な生徒の評価結果に柔軟に対応し学習支援に生かすことが大切である.また,目標に準拠した評価の妥当性と信頼性を高めるため,授業中の生徒の学習の様子や学習成果をポートフォリオとして日常的に記録・蓄積し,それを活用することが重要である.

表 7.3.6　授業における評価と学習記録

| 評価方法 | 具体的な評価方法の例 | 学習記録 |
| --- | --- | --- |
| 作品などによる評価 | 作品などの成果物をポートフォリオとして蓄積・閲覧しながら,自己評価,相互評価を通して学習成果をアセスメントする.教員は教員評価によるフィードバックを生徒にタイミングよく返すことで,生徒の学習を促進させる. | 学習成果物(作品,ノート,ワークシート,レポート,学習カード),実技・発表 |
| 観察による評価 | 学習の過程の生徒の学習状況を観察により評価する.学習活動の様子を一つの学習場面として動画や画像に蓄積し,後に評価を行うことで密なアセスメントが可能である. | 観察の記録,面接の記録 |
| 机間指導による評価 | 授業中の学習状況を机間巡視の中の対話などのやりとりから評価する.ここでは,各生徒の学習状況について即時的な評価と指導を主な目的とする. | 対話・議論の記録 |
| 質問紙などによる評価 | 授業の前後や授業の途中に,その時点での学習状況をテストや質問紙などを用いて評価する. | ペーパーテストの結果,質問紙の結果 |

## 7.3.4 学習評価デザインサイクル

学習評価デザインサイクルは，観点別学習状況の評価と評定を行うための手順ともいえる．この手順は，学習指導デザインサイクルと同期して行われる（図7.1.1）．

1) 単元または題材の目標を設定する

学習指導要領の目標と内容を踏まえ，生徒の実態や特性，前単元までの学習状況等を考慮し，単元または題材の学習目標を適切に設定する．

2) 評価規準を設定する

「社会と情報」に関しては章末の資料を，「情報の科学」に関しては，参考文献［2］の資料（第2編）の「評価規準に盛り込むべき事項及び評価規準の設定例」と「評価に関する事例」を参考にして，1) で設定した学習目標を踏まえながら，具体的な評価規準を設定する．

3) 評価方法を決定する

本書の 7.3.3 (3) を参考に，具体的な評価方法について決定する．

4) 評価の記録を残す場面を決定する

どのタイミングで評価を行うかの場面を設定する．ここで，3) と 4) を合わせ評価計画として位置付ける．

5) 授業を実施する

評価計画にもとづいて授業の中で即時的な評価を行うとともに，学習記録を確実に記録・蓄積し，その後の評価活動に活用できるようにする．授業後は，収集された学習記録を用いて評価を行い，続く授業の学習指導にその結果を生かしていく．

6) 観点ごとに総括する

集まった評価結果を基礎資料とし，観点ごとの総括的評価（A, B, C）を記録する（「まめ知識」参照）．

7) 授業を改善する

指導と評価の一体化を図るべく，評価の結果を次の授業デザインに生かす．

〈まめ知識〉 観点別学習状況の評価から評定へ[2]

評定が各教科・科目の目標や内容に照らして学習の実現状況を総括的に評価するものであるのに対し，観点別学習状況の評価は各教科・科目の目標や内容に照らして学習の実現状況を分析的に評価するものであり，観点別学習状況の評価が評定を行うための基本的な要素となる．評定への総括の場面は，学期末や学年末などに行われることが多い．学年末に評定へ総括する場合には，学期末に総括した評定の結果を基にする場合と，学年末に観点ごとに総括した評価の結果を基にする場合が考えられる．

観点別学習状況の評価の評定への総括は，各観点の評価結果をA，B，Cの組合せ，又は，A，B，Cを数値で表したものに基づいて総括し，その結果を高等学校では5段階で表す．

A，B，Cの組合せから評定に総括する場合，各観点とも同じ評価がそろう場合は，「AAAA」であれば4又は5，「BBBB」であれば3，「CCCC」であれば2又は1とするのが適当であると考えられる。それ以外の場合は，各観点のA，B，Cの数の組合せから適切に評定する必要がある．

なお，観点別学習状況の評価結果はA，B，Cなどで表されるが，そこで表された学習の実現状況には幅があるため，機械的に評定を算出することは適当ではない場合も予想される．

また，評定は5，4，3，2，1という数値で表されるが，これを生徒の学習の実現状況を5つに分類したものとして捉えるのではなく，常にこの結果の背景にある生徒の具体的な学習の実現状況を思い描き，適切に捉えることが大切である．

評定への総括に当たっては，上記について十分配慮し，評価に対する妥当性，信頼性等を高めるために，各学校では観点別学習状況の評価の観点ごとの総括及び評定への総括の考え方や方法について共通理解を図り，生徒及び保護者に十分説明し理解を得ることが大切である．

## 7.4 指導計画作成の実際

指導計画には，1年間分の計画を立てる年間指導計画と1単位時間の授業について詳細に計画を立てる学習指導案の2種類がある．

年間指導計画の作成にあたっては，新学期が始まるまでに，学校内で同じ教科の教員が集まり，単元の順序や評価方法を統一しながら作成する．一方，学習指導案は，教員自身が授業の流れを確認するときや研究授業などで他の教員に自分の授業を見てもらうときに作成する．

## 7.4.1 年間指導計画と年間評価計画の作成

年度初めに作成する1年間分の指導計画のことを年間指導計画という．表7.4.1 は，「社会と情報」の年間指導計画の例である．生徒が学習指導要領に定められた教育内容をすべて学習することができるように，教員は新学期が始めるまでに，それぞれの学習単元にどのくらい時間をかけ，どのような内容で行うかを決めておく必要がある．

また，年間指導計画に対応した評価計画のことを年間評価計画といい，年間指導計画書と同時に年度初めに作成する．表7.4.2 が，「社会と情報」の年間評価計画の例である．年間評価計画では，年間指導計画の学習単元に対応した評価規準と学習活動に即した具体的な評価規準を単元ごとに定めておく．

**表 7.4.1 「社会と情報」の年間指導計画例（一部抜粋）**

| 月 | 学習単元 | | 学習目標 | 時 | 学習内容 |
|---|---|---|---|---|---|
| 4 | 第1章 情報社会とわたしたち | 1節 情報社会 | 情報社会と情報について知る | 1 | ・情報や知識についての意味を理解する．<br>・情報のディジタル化によるコミュニケーションの変化を理解する． |
| 4 | | | 情報社会の光と影について考える | 2 | ・情報が人類に利益と幸福をもたらしていることについて理解する．<br>・情報化の「影」について，高校生に身近な事例で理解する． |
| 4 | | 2節 情報社会の個人 | 個人情報とその保護について理解する | 1 | ・個人情報の意味と個人情報保護法について理解する．<br>・個人情報の漏洩の実態，防止対策について学ぶ． |
| 4 | | | 情報を扱う責任とモラルについて理解する | 2 | ・メールやSNSを利用する際のモラルとマナーについて学ぶ．<br>・有害サイト，チェーンメールなど，とくに携帯電話利用の注意点を理解する． |
| 5 | | 3節 情報とメディア | 情報の特徴について理解する | 1 | ・情報の残存性，複製性，伝播性など情報社会における情報の特徴について理解する． |
| 5 | | | メディアの特徴について理解する | 2 | ・情報とメディアの関係，メディアの分類を理解する．<br>・各表現メディアの特性について理解する．<br>・マスメディアやインターネットなど，情報メディアの特性を理解する．<br>・記録メディア，通信メディアなど伝達メディアの特性を理解する． |

## 7.4 指導計画作成の実際

| | | | | |
|---|---|---|---|---|
| 5 | | メディアリテラシーの基本を身につける | 2 | ・情報の信頼性，信憑性について理解する．<br>・メディアリテラシーの意味を理解する．<br>・CM などメディアから受け取る情報を分析して発信者の意図を理解する．<br>・情報伝達における適切なメディアの選択について理解する． |
| 5 | 第2章 情報機器とディジタル表現 | 1節 情報社会 | | |
| | | アナログとディジタルについて理解する | 2 | ・アナログとディジタルの意味について理解する．<br>・ディジタル化のメリットについて理解する． |
| 5 | | 情報社会と情報について知る | 1 | ・情報機器の種類と特徴、インタフェースについて学ぶ．<br>・ディジタルカメラの原理や画像・映像の処理について学ぶ． |
| 6 | | 2節 情報社会の個人 | | |
| | | 2進数と情報量について理解する | 1 | ・情報を2進数で表現することについて理解する．<br>・情報量の概念と単位について理解する． |
| 6 | | 数値や文字のディジタル表現について理解する | 1 | ・2進数・10進数・16進数の相互変換ができるようにする．<br>・文字のディジタル表現について理解する． |
| 6 | | 音声のディジタル表現について理解する | 1 | ・音声の標本化，量子化，符号化について理解する．<br>・周波数・周期の関係や，標本化定理について理解する． |
| 6 | | 画像のディジタル表現について理解する | 1 | ・ディジタルでのカラー表現の原理について学ぶ．<br>・画像のディジタル化の仕組みと解像度と階調と画質の関係を理解する．<br>・図形のディジタル表現について理解する．<br>・動画と立体のディジタル表現について学ぶ． |
| 6 | | 情報のデータ量の基礎的な計算ができるようになる | 2 | ・音声と立体のディジタル表現について学ぶ．<br>・静止画・動画のデータ量を求めることができるようにする． |

**表 7.4.2 「社会と情報」の年間評価計画例（一部抜粋）**

| 学習単元 | | 関心・意欲・態度 | 思考・判断・表現 | 技能 | 知識・理解 |
|---|---|---|---|---|---|
| 第1章　情報社会とわたしたち | 評価規準 | ・情報の特徴やメディアに関心をもっている．<br>・情報の信頼性や信憑性に関心をもち，それらを評価しようとしている． | ・情報の信頼性や信憑性を評価し，その方法を適切に表現している． | ・情報の信頼性や信憑性を評価することができる． | ・情報の特徴や性質について理解している．<br>・さまざまな場面で使われるメディアの意味を理解している． |
| | 学習活動に即した具体的な評価規準 | ・情報化が生活に及ぼしている影響について関心をもっている．<br>・個人情報の漏洩防止対策について考えようとしている．<br>・情報社会における情報の特徴について考えようとしている．<br>・有害サイトに注意して携帯電話を利用しようとしている．<br>・適切なメディアを選択して情報伝達を行おうとしている． | ・情報化が生活に及ぼしている影響を考えている．<br>・情報化の「影」について考えている．<br>・個人情報の漏洩防止対策について考えている．<br>・情報社会における情報の特徴について考えている．<br>・情報とメディアの関係について考えている．<br>・情報の信憑性・信頼性について判断している． | ・個人情報を適切に扱うことができる．<br>・有害サイトに注意して携帯電話を利用することができる．<br>・適切なメディアを選択して，情報伝達を行うことができる． | ・情報のディジタル化によるコミュニケーションの変化を理解している．<br>・情報化の「影」について理解している．<br>・個人情報の意味について理解している．<br>・情報社会における情報の特徴について理解している．<br>・情報メディアの特性を理解している．<br>・情報の信頼性，信憑性について理解している． |

## 7.4.2　評価規準の作成

きめの細かい学習指導と生徒一人一人の学習状況を分析的に捉える観点別学習状況の評価の実施のためには，評価規準の作成が必須となる．

情報科においては，（ア）関心・意欲・態度，（イ）思考・判断・表現，（ウ）技能，（エ）知識・理解の四つの観点に分けて評価規準を設定する（7.5節参照）．評価規準の作成にあたっては，次の三つの手順を踏む（図7.4.1）．

①年間指導計画の学習単元に対応した年間評価計画における評価規準を作成

②学習指導案における単元計画と年間評価計画における学習活動に即した具体的な評価規準との対応づけを行う．

③学習指導案の本時における評価規準と評価方法を明記する．

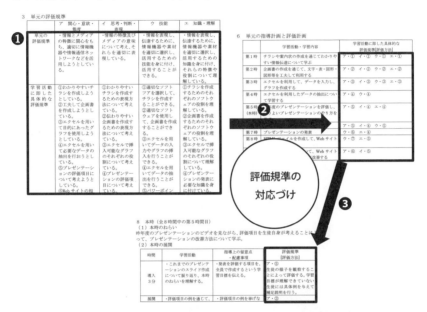

**図 7.4.1** 「単元の評価規準と評価計画」と「本時」の評価規準の対応づけ
(p.163 の【学習指導案の例】の単元の評価規準参照)

実際に観点別学習状況の評価を行う際には，観点ごとに (A) 十分満足できる，(B) おおむね満足できる，(C) 努力を要するの 3 段階で行う必要がある．そこで，各生徒がどの段階に到達できたかを具体的に評価する評価基準（ルーブリック）を作成することが有効である（表 7.4.3）．ルーブリックには，それぞれの段階に応じた記述語を記しておくことで生徒の学習到達度を質的に評価することが可能である．

表 7.4.3 表現と伝達（社会と情報）における技能のルーブリック例

| 学習活動に即した具体的な評価規準 | A（十分満足できる） | B（おおむね満足できる） | C（努力を要する） |
| --- | --- | --- | --- |
| ①適切なソフトウェアを選択して，チラシを作成することができる． | 適切なソフトウェアを選択して，チラシを作成しており，デザイン性に優れ，チラシの主張したい部分が明確である． | 適切なソフトウェアを用いて，チラシを作成することができる． | ソフトの機能を使っているだけで，目的に合ったチラシを作成することができない． |
| ②適切なソフトウェアを使用して，企画書を作成することができる． | 適切なソフトウェアを使用して基本構成に基づいた企画書を作成しており，提案したいことが主張できる． | 適切なソフトウェアを使用して企画書を作成することができる． | ソフトの機能を使っているだけで目的に合った企画書を作成することができない． |
| ③エクセルを用いてデータの入力やグラフの挿入を行うことができる． | エクセルを用いて、データを入力し、データの種類に応じたグラフを挿入することができる．また、グラフのタイトルや凡例を挿入して，グラフを整えることができる． | エクセルを用いて一通りのデータの入力は行える．また、エクセルの機能を用いてグラフを挿入することができる． | エクセルを用いて一部分のデータの入力しか行えない．もしくは，データの入力が全くできない． |
| ④エクセルを用いてデータの抽出を行うことができる． | エクセルの複数の抽出機能を用いて目的のデータを的確に抽出できる． | エクセルを用いてデータの抽出を行うことができる． | エクセルの抽出の機能を使っているだけで，目的にあったデータの抽出ができない．もしくは，抽出の機能を使うことができない． |
| ⑤パワーポイントを用いてスライドを作成することができる． | パワーポイントを用いてスライドを作成することができる．スライドには内容が聞き手に伝わるように十分な情報量があり，構成が整っている． | パワーポイントを用いてスライドを作成することができる． | パワーポイントの一部分の機能を用いるだけで目的のスライドを作成することができない．もしくは，パワーポイントの機能を全く使えない． |
| ⑥プレゼンテーションを行うことができる． | 原稿を見ずに聞き手を見ながら，ジェスチャー等も交えたプレゼンテーションを行うことができる． | プレゼンテーションを行うことができるが，原稿を読んでいる． | スライドを作成しておらずプレゼンテーションになっていない．聞き手に内容が全く伝わっていない． |
| ⑦HTMLを用いてWebサイトを作成することができる． | HTMLを用いて，Webサイトを作成することができ，Webサイトとして構成が整っている． | HTMLを用いて，Webサイトを作成することができる． | HTMLの入力を行っているが，Webサイトとして成り立っていない．もしくは，HTMLの入力を行えない． |

## 7.5 学習指導案の作成

　学習指導案のフォーマットには，統一の形式はなく，教員は各自治体や機関などで定められた形式にもとづいて学習指導案を作成している．ここでは，章末の学習指導案の例を参考に，学習指導案の作成方法について学習指導案の項目順に説明する．

1.「単元名」
　学習内容のまとまりを単元といい，学習指導要領であれば大項目，教科書であれば章のタイトルが単元名となる．

2.「単元の目標」
　生徒の実態に合わせて，単元を通して生徒に身に付けさせたい態度や技能を記述する．

3.「単元の評価規準」
　観点別学習状況の評価の4観点，（ア）関心・意欲・態度，（イ）思考・判断・表現，（ウ）技能，（エ）知識・理解に分けて単元の評価規準を設定する．「情報の科学」の評価規準を設定する際には，参考文献 [2] の第2編が参考になり，「社会と情報」の評価規準を設定する際には，章末の資料が参考になる．また，「学習活動に即した具体的な評価規準」には，「単元の評価規準」を具体的に表現した内容を記述する．6.「単元の指導計画と評価計画」との対応付けができるように，丸数字を付けて評価規準を記述する（図 7.4.1）．

4.「指導観」
（1）「単元観」
　単元・題材の社会的背景や単元を通して生徒に学ばせたいことを記述する．
（2）「生徒観」
　単元・題材に関する既習状況，生徒の興味・関心などの実態を記述する．
（3）「教材観」
　授業で扱う教材や学習環境などをどのように活用するかを明確にする．

5.「年間指導計画における位置付け」
　生徒が本単元を学習する前にどのような内容を学習してきたか，また，本単

元で学んだ内容が今後の単元にどのように関わるのかについて記述する．
6.「単元の指導計画と評価計画」
　単元内の授業間のつながりや単元同士のつながりについて記述する．
　・「学習活動・学習内容」には，各時で行う学習活動や学習する内容を端的に記述する．
　・「学習活動に即した具体的な評価規準〔評価方法〕」には，3.「単元の評価規準」の表中の記号を使用し，対応付けを行う．
7.「指導にあたって」
　授業形態や指導方法，教材などの面で工夫・改善したことを記述する．
8.「本時」
　実施する授業の指導計画を詳細に記述する．
(1)「本時のねらい」
　単元の目標を達成するために，本時において生徒にどのような力を身に付けさせるのかを記述する．
(2)「本時の展開」
　50分の授業を次の三つに分けて記述する．
　・「学習活動」には，生徒が行う学習活動を記述する．
　・「学習支援」には，それぞれの学習活動に対応する教員の支援を記述する．
　・「評価規準〔評価方法〕」には，6.「評価計画」の中から，それぞれの学習活動が本時のどの評価規準に対応するのかを記述する．また，生徒の何を評価し，評価結果を受けて行うアセスメントを記述する．評価方法としては，観察，生徒との対話，ノート，ワークシート，学習カード，作品，レポート，ペーパーテスト，テスト，質問紙，面接などがあげられる．
(3)「授業参観の視点」
　授業研究に際して、参観者に見て欲しい点や意見をもらいたい点について記述する．

## 【学習指導案の例】

情報科学習指導案

日時：平成○○年○○月○日（○）第○校時
対象：第○学年○組　○○名
作成者：○○××
場所：コンピュータ演習室

1　単元名　表現と伝達（社会と情報）
2　単元の目標
　　情報伝達する際の留意点について学び，エクセルやパワーポイント，インターネットを使って，どのようにすれば相手にわかりやすく伝えることができるかを考え，表現する技能を身に付ける．
3　単元の評価規準

|  | ア　関心・意欲・態度 | イ　思考・判断・表現 | ウ　技能 | エ　知識・理解 |
|---|---|---|---|---|
| 単元の評価規準 | ・情報とメディアの特徴に関心をもち，適切に情報機器や情報通信ネットワークなどを活用しようとしている． | ・情報の特徴およびメディアの意味について考え，それらを適切に表現している． | ・情報を表現し，伝達するために，情報機器や素材を適切に選択し，活用するための技能を身に付け，活用することができる． | ・情報を表現し，伝達するために，情報機器や素材を適切に選択し，活用するための知識を身に付け，それらの特徴や役割について理解している． |
| 学習活動に即した具体的な評価規準 | ①わかりやすいチラシを作成しようとしている．②工夫して企画書を作成しようとしている．③エクセルを用いて目的にあったグラフを使用しようとしている．④エクセルを用いて必要なデータの抽出を行おうとしている．⑤プレゼンテーションの評価項目について考えようとしている． | ①わかりやすいチラシを作成するための表現方法について考えている．②伝わりやすい企画書を作成するための表現方法について考えている．③エクセルで挿入可能なグラフのそれぞれの役割について考えている．④プレゼンテーションの評価項目について考えている．⑤評価の観点に基づいて他者が作成したWebサイトを評価している． | ①適切なソフトフェアを選択して，チラシを作成することができる．②適切なソフトウェアを使用して，企画書を作成することができる．③エクセルを用いてデータの入力やグラフの挿入を行うことができる．④エクセルを用いてデータの抽出を行うことができる．⑤パワーポイントを用いてスライドを作成することができる． | ①チラシを作成するためのそれぞれのソフトウェアの役割を理解している．②企画書を作成するためのそれぞれのソフトウェアの役割を理解している．③エクセルで挿入可能なグラフのそれぞれの役割について理解している．④プレゼンテーションの発表に必要な知識を身に付けている．⑤Webサイトの作成に必要な知識を身に付けている． |

| | | |
|---|---|---|
| | ⑥Webサイトの相互評価を行う際に,改善に繋がるような評価を行っている. | ⑥プレゼンテーションを行うことができる.<br>⑦HTMLを用いてWebサイトを作成することができる. |

## 4 指導観

(1) 単元観：大勢の人々や離れた場所にいる人達に情報を伝達する際には，情報機器や情報通信ネットワークが欠かせない存在となってきている．本単元では，効果的にコミュニケーションを行うために，どのように情報機器や情報通信ネットワークを利用していけば良いか，実習を通して学んでいく．

(2) 生徒観：生徒は小学生の頃からインターネットを用いて情報収集や簡単な情報発信を行ってきている．また，中学校ではパワーポイントを使って発表を行った経験がある．しかし，表現の質を高めようとしたり，評価を行ったりしたことのある生徒は少ない．

(3) 教材観：本単元では，はじめにチラシや企画書の作成を通してわかりやすい情報伝達とは何かについて考え，エクセルを用いたグラフの表現やデータの抽出について学び，他者のプレゼンテーションやWebサイトを評価する経験を通して，よりよい情報伝達のあり方について考えるようにする．

## 5 年間指導計画における位置付け

生徒は1学期で，ディジタルとアナログの違いや情報量などの情報に関する基礎的な内容を学習してきている．2学期では，パワーポイントやエクセル等のソフトウェアを使って効果的な情報伝達の方法を学んでいく．3学期で学習する問題解決を扱う際には，本単元で学習した内容を応用して学んでいくことになる．

## 6 単元の指導計画と評価計画

・授業同士のつながり：第1時と第2時では，チラシや企画書の作成を通して，表現の工夫について考える．第3時と第4時では，エクセルを用いてグラフの作成やデータの抽出について学ぶ．第5時と第6時と第7時では，先輩のプレゼンテーションを見て，よりよいプレゼンテーション方法について考え，自ら実践し，評価を行う．第8時と第9時では，Webサイトを作成し，作成したWebサイトの評価を行い，改善する．

・単元同士のつながり：生徒は1学期で情報とメディアの特性について学習してきており，本単元では，自らが情報発信者となったときに，どのように表現すれば，それらの特性を生かせるのかについて考えていく．

| | 学習活動・学習内容 | 学習活動に即した具体的な評価規準［評価方法］ |
|---|---|---|
| 第1時 | チラシや案内状の作成を通じてわかりやすい情報伝達について学ぶ | ア・①　イ・①　ウ・①　エ・① |
| 第2時 | 企画書の作成を通じて，文字・表・図形・図形などを工夫して利用する | ア・②　イ・②　ウ・②　エ・② |
| 第3時 | エクセルを利用して，データを入力し，グラフを作成する | ア・③　イ・③　ウ・③　エ・③ |
| 第4時 | エクセルを利用したデータの抽出について学習する | ア・④　ウ・④ |

| | | |
|---|---|---|
| 第5時<br>(本時) | 昨年度のプレゼンテーションを評価し，よりよいプレゼンテーションのやり方を学ぶ | ア・⑤　イ・④　エ・④ |
| 第6時 | プレゼンテーションの作成 | ア・⑤　イ・④　ウ・⑤ |
| 第7時 | プレゼンテーションの発表 | ウ・⑥　エ・④ |
| 第8時 | HTMLファイルを作成して，Webサイトを制作する | ウ・⑦　エ・⑤ |
| 第9時 | 観点別評価シートを用いて，Webサイトを評価し，評価にもとづいて改善する | ア・⑥　イ・⑤ |

**7　指導にあたって**

単に効果的なプレゼンテーションの方法を教えこむのではなく，生徒が先輩たちのプレゼンテーションを評価し，生徒自身で良いプレゼンテーションとは何かを考えることによって，主体的によりよいプレゼンテーションを行おうとする態度を育てるねらいがある．

**8　本時（全8時間中の第5時間目）**

(1) 本時のねらい

昨年度のプレゼンテーションのビデオを見ながら，評価項目を生徒自身が考えることによって，プレゼンテーションの改善方法について学ぶ．

(2) 本時の展開

| 時間 | 学習活動 | 学習支援 | 評価規準<br>[評価方法] |
|---|---|---|---|
| 導入<br>3分 | ・これまでのプレゼンテーションのスライド作成について振り返り，本時のねらいを理解する． | ・発表を評価する項目を，全員で作成するという学習目標を伝える． | ア・⑤<br>生徒の様子を観察することによって評価する．学習目標が理解できていない生徒には具体例を与えて補足説明を行う． |
| 展開<br>42分 | ・評価項目の例を通じて，配布された評価シートを理解する． | ・評価項目の例を挙げながら，評価シートの内容を順番に説明する． | ア・③<br>生徒の様子を観察することによって評価する．理解が足りてないと考えられる生徒には個別に説明を行う． |
| | ・評価項目について，グループで討議し，アイディアを出し合う． | ・グループ討議の結果は，記入用評価シートに書くように指示する． | ア・⑤<br>班活動の様子を観察することによって評価する．話し合いの進行状況を判断し，動機付け，アドバイスを適切に行う． |
| | ・昨年のプレゼンテーションのビデオを見て評価し，評価項目の有効性を各自でチェックする． | ・昨年のプレゼンテーションのビデオを流す． | ア・⑤<br>提出された評価シートから評価する．教員評価を行い，知識や理解が不十分な生徒に対しては，具体的にその箇所を指摘し，改善するための適切なフィードバックを与える． |

| | | | |
|---|---|---|---|
| 展開<br>42分 | ・評価項目について班で見直し，項目を決定する． | ・再度，班ごとに話し合い，評価項目を決定させる．決定した班から，板書してもらう． | ア・⑤<br>班活動の様子を観察することによって評価する．話し合いの進行状況を判断し，動機付け，アドバイスを適切に行う． |
| | ・班でまとめた評価項目を一つずつ確認する．<br>・出された評価項目について全員で話し合い，項目を絞る． | ・各班の代表者に発表してもらう．<br>・多数の評価項目をグルーピングして，適切な項目数にまとめる手法（KJ法）を学ばせる．発表された評価項目の中から5項目程度に絞る． | イ・④<br>各班の評価項目から評価する．項目数が少ない場合，教員から評価項目を提示する． |
| まとめ<br>5分 | ・本時の授業内容を振り返るとともに，次回の授業への関連付けを行い，次回の授業を動機付ける． | ・評価の意義について再度確認し，次の授業では，評価項目を意識して，スライドの作成や発表の練習を行うように伝える． | エ・④<br>生徒との対話の内容から評価する．生徒の理解状況から次時の授業の導入に補足説明を加える． |

(3) 授業参観の視点
・本時の活動によって，ねらいが達成できているか．
・グループ活動時の教員の支援は適切であったか．

## 資料【評価規準に盛り込むべき事項及び評価規準の設定例（社会と情報）】[5]

「(1) 情報の活用と表現」の評価規準に盛り込むべき事項

| 関心・意欲・態度 | 思考・判断・表現 | 技能 | 知識・理解 |
|---|---|---|---|
| ・情報とメディアの特徴に関心をもち，適切に情報機器や情報通信ネットワークなどを活用しようとしている． | ・情報の特徴及びメディアの意味について考え，それらを適切に表現している． | ・情報を表現し，伝達するために，情報機器や素材を適切に選択し，活用するための技能を身に付け，活用することができる． | ・情報を表現し，伝達するために，情報機器や素材を適切に選択し，活用するための知識を身に付け，それらの特徴や役割について理解している． |

## 「(1) 情報の活用と表現」の評価規準の設定例

| 関心・意欲・態度 | 思考・判断・表現 | 技能 | 知識・理解 |
|---|---|---|---|
| ア<br>・情報の特徴やメディアに関心をもっている．<br>・情報の信頼性や信憑性に関心をもち，それらを評価しようとしている． | ア<br>・情報の信頼性や信憑性を評価し，その方法を適切に表現している． | ア<br>・情報の信頼性や信憑性を評価することができる． | ア<br>・情報の特徴や性質について理解している．<br>・様々な場面で使われるメディアの意味を理解している． |
| イ<br>・ディジタル化の方法や目的に関心をもっている． | イ<br>・情報をディジタル化することの利点や問題点について考えている． | イ<br>・入出力装置を活用して情報をディジタル化することができる． | イ<br>・情報のディジタル化に関する基礎的な知識を身に付けている．<br>・入出力装置の特徴について理解している． |
| ウ<br>・情報の表現技法に関心をもっている． | ウ<br>・目的や情報の受信者の状況に応じた情報の表現技法を考えている． | ウ<br>・伝えたい情報を分かりやすく表現することができる．<br>・目的に応じて表現技法や情報機器を選択することができる． | ウ<br>・伝えたい情報を分かりやすく表現するために必要な知識を身に付けている． |

## 「(2) 情報通信ネットワークとコミュニケーション」の評価規準に盛り込むべき事項

| 関心・意欲・態度 | 思考・判断・表現 | 技能 | 知識・理解 |
|---|---|---|---|
| ・コミュニケーション手段の発達及び通信サービスの特徴とコミュニケーションの形態との関わりについて関心をもち，活用しようとしている． | ・情報の受信及び発信時に配慮すべき事項について考え，それらを適切に表現している． | ・効果的なコミュニケーションを行うために，情報通信ネットワークを活用するための技能を身に付け，活用することができる． | ・効果的なコミュニケーションを行うために，情報通信ネットワークを活用するための知識を身に付け，それらを活用する際の配慮事項を理解している． |

「(2) 情報通信ネットワークとコミュニケーション」の評価規準の設定例

| 関心・意欲・態度 | 思考・判断・表現 | 技能 | 知識・理解 |
|---|---|---|---|
| ア<br>・情報通信技術の進展によるコミュニケーション手段の発展に関心をもっている．<br>・通信サービスに関心をもち，それらを活用してコミュニケーションをとろうとしている． | ア<br>・通信サービスを活用したコミュニケーションの課題を適切に表現している． | ア<br>・情報通信技術の進展によるコミュニケーション手段の発達について説明することができる．<br>・通信サービスを活用してコミュニケーションをとることができる． | ア<br>・情報通信技術の進展がコミュニケーション手段を変化させてきたことを理解している． |
| イ<br>・情報通信ネットワークに関心をもち，情報をやりとりするために，活用しようとしている．<br>・利用者としての視点から情報セキュリティを確保しようとしている． | イ<br>・情報セキュリティを確保する方法について考えている． | イ<br>・利用者としての視点から情報セキュリティを確保することができる． | イ<br>・情報通信ネットワークの基本的な仕組みを理解している．<br>・情報通信ネットワークに関する取り決めを身に付けている． |
| ウ<br>・情報通信ネットワークを活用して，コミュニケーションをとろうとしている． | ウ<br>・情報通信ネットワークの特性について考え，それらの問題点を適切に表現している．<br>・情報通信ネットワークの特性について考え，それらの問題点を適切に表現している．<br>・情報の発信時に配慮すべき事項について考えている． | ウ<br>・目的や場面に応じて適切なコミュニケーション手段を選択することができる．<br>・情報通信ネットワークを活用して効果的にコミュニケーションを行うことができる． | ウ<br>・効果的にコミュニケーションを行うために必要な基礎的な知識を身に付けている． |

## 「(3) 情報社会の課題と情報モラル」の評価規準に盛り込むべき事項

| 関心・意欲・態度 | 思考・判断・表現 | 技能 | 知識・理解 |
|---|---|---|---|
| ・情報化が社会に及ぼす影響や課題に関心をもち，適切に情報機器を活用しようとしている． | ・情報化が社会に及ぼす影響について，情報セキュリティ及び情報社会における法と個人の責任に基づいて考え，その結果を適切に表現している． | ・情報社会における法と個人の責任を踏まえ，情報機器を適切に活用することができる． | ・情報セキュリティ及び情報社会における法と個人の責任について理解している． |

## 「(3) 情報社会の課題と情報モラル」の評価規準の設定例

| 関心・意欲・態度 | 思考・判断・表現 | 技能 | 知識・理解 |
|---|---|---|---|
| ア<br>・情報化の課題を解決し，望ましい情報社会を構築しようとしている．<br>・情報化が社会に及ぼす影響と課題に関心をもっている． | ア<br>・情報化が社会に及ぼす影響と課題について考え，望ましい情報社会のあり方を適切に表現している． | ア<br>・情報化が社会に及ぼす影響と課題について，主体的に解決し，話し合うことができる． | ア<br>・情報化が社会に及ぼす影響と課題について理解している． |
| イ<br>・情報セキュリティを高めるための方法に関心をもっている． | イ<br>・情報セキュリティを高めるための方法について考え，その重要性を適切に表現している． | イ<br>・情報社会の脅威から情報セキュリティを高めることができる． | イ<br>・情報セキュリティを高めるための方法に関する基礎的な知識を身に付けている．<br>・情報セキュリティを高めることの重要性を理解している． |
| ウ<br>・著作権制度に関わる法律の目的に関心をもっている．<br>・自分の個人情報を守ろうとしている． | ウ<br>・情報収集や発信の取り扱いに当たって，著作権制度に則り，適切に判断している． | ウ<br>・著作権制度に則り，適切に情報収集や発信をすることができる． | ウ<br>・多くの情報が公開され流通している現状について理解している．<br>・個人情報の保護に関連する法律の意義や内容について理解している． |

「(4) 望ましい情報社会の構築」の評価規準に盛り込むべき事項

| 関心・意欲・態度 | 思考・判断・表現 | 技能 | 知識・理解 |
|---|---|---|---|
| ・情報システムが社会生活に果たす役割や及ぼす影響に関心をもち，問題を解決するために情報機器などを活用しようとしている。 | ・情報システムの在り方や情報通信ネットワークを活用した意見集約の方法について考え，それらを適切に表現している。 | ・意見集約や問題を解決するために，情報システム，情報通信ネットワーク及び情報機器を活用するための技能を身に付け，活用することができる。 | ・情報システムや情報通信ネットワーク及び情報機器を活用するための知識を身に付け，それらを活用した意見集約や問題解決の方法について理解している。 |

「(4) 望ましい情報社会の構築」の評価規準の設定例

| 関心・意欲・態度 | 思考・判断・表現 | 技能 | 知識・理解 |
|---|---|---|---|
| ア<br>・社会における情報システムに関心をもち，活用しようとしている。 | ア<br>・身近な情報システムを調査し，その目的や特徴について，適切に表現している。 | ア<br>・情報システムが社会生活に果たす役割及ぼす影響について，事例を用いて発表することができる。 | ア<br>・情報システムが社会生活に果たしている役割と及ぼしている影響について理解している。 |
| イ<br>・人間にとって利用しやすい情報システムの在り方に関心をもっている。 | イ<br>・人間が安全に快適に利用できる情報システムの在り方を考え，意見を提案している。 | イ<br>・人間にとって使いやすいシステムを提案することができる。 | イ<br>・情報システムと人間との関わりについて理解している。<br>・情報セキュリティを高めることの重要性を理解している。 |
| ウ<br>・身の回りにある問題を，基本的な流れを踏まえて解決しようとしている。 | ウ<br>・身の回りにある問題を，基本的な流れを踏まえて解決しようとしている。 | ウ<br>・身の回りにある具体的な問題を発見，分析，解決することができる。 | ウ<br>・問題解決の基本的な流れを理解している。 |

## 参考文献

[1] Kilpatrick, W.H.：The Project Method, Teachers College Record (1918), Vol.19, No.4, pp.319-335
[2] 国立教育政策研究所：評価規準の作成，評価方法等の工夫改善のための参考資料（高等学校共通教科「情報」），教育出版株式会社（2012）
[3] 北尾倫彦：学びを引き出す学習評価，図書文化（2007）
[4] 中央教育審議会初等中等教育分科会教育課程部会報告「児童生徒の学習評価の在り方について（平成22年3月），http://www.mext.go.jp/b_menu/shingi/chukyo/chukyo3/004/gaiyou/1292163.htm
[5] 園田晴堂，森本康彦，宮寺庸造：共通教科「情報」における観点別学習状況の評価用ルーブリックの作成と活用方法の提案，日本情報科教育学会第6回全国大会講演論文集（2013），pp. 107-108
[6] 文部科学省：高等学校学習指導要領解説 情報編，開隆堂出版（2010）
[7] 文部科学省：新学習指導要領・生きる力，http://www.mext.go.jp/a_menu/shotou/new-cs/idea/
[8] 森本康彦：eポートフォリオの理論と実際，教育システム情報学会論文誌（2008），Vol.25, No.2, pp.245-263
[9] Boud, D., Dunn, J., and Hegarty-Hazel, E.：Teaching in laboratories, London: SRHE/NFER Nelson (1987)

# 第 8 章　情報教育の環境

　我が国の情報化への対応は，1960（昭和 35）年代の高等学校工業科・商業科における情報処理教育の実施や教育機器研究指定校の政策などに始まり，本格的な取組みである「情報教育（コンピュータ教育）元年は 1985（昭和 60）年」といわれている．その後，教育の情報化や情報教育はどのような政策をたどり今に至ったのか，さらに，これから教育の情報化への対応や情報教育の環境はどのような方向に進んでいくのかを整理し，検討することは重要である．そこで本章では，文部科学省の政策や教育関連プロジェクトを含めて教育の情報化と情報教育のこれまでの流れと今後の方向性について述べる．

## 8.1　情報教育および教育の情報化の歴史

　教育の情報化・情報教育の歴史は，情報技術の進展そして学校や社会生活への普及・浸透との関係で進んでいく．本節では，教育の情報化・情報教育の環境整備を四つの時代，すなわち「8.1.1 先進校における情報環境の整備段階」，「8.1.2 コンピュータ教室環境の整備段階」，「8.1.3 インターネット環境の整備段階」，「8.1.4 ICT 環境の整備・充実段階」に分けて説明する．

### 8.1.1　先進校における情報環境の整備

　1985（昭和 60）年は，日本の情報教育の歴史のなかで一つのターニングポイントとなる．それは，臨時教育審議会（以下，臨教審）の第一次答申において「社会の情報化を真に人々の生活の向上に役立てる上で，人々の主体的な選

択により情報を使いこなす力を身に付けることが今後への重要な課題である」として，学校教育における情報化への対応が指摘された．そして，はじめて情報教育関連予算として「学校教育設備整備費等補助金(教育方法開発特別設備)」20億円が交付され，コンピュータ，ワープロ，映像機器などの整備にあてられた．以降1989（平成元）年まで予算化（1985〜87年度：20億円，88年度：29億円，89年度：34億円）され，情報環境の整備と教育方法の開発が進められた．また，1986（昭和61）年度からは「学校におけるコンピュータ利用等に関する研究指定校」制度を設けて，コンピュータを利用した学習指導・校務処理などについての実践的研究が開始された．

このように，情報教育を展開する足場の基礎が少しずつ積み上がっていった時代である．

> **コラム　情報活用能力の定義**
>
> 　臨教審の第二次答申では，情報活用能力を「情報及び情報手段を主体的に選択し活用していくための個人の基礎的な資質」と定義し，情報化に対応した教育に関する三原則（社会の情報化に備えた教育を本格的に展開する，すべての教育機関の活性化のために情報手段の潜在化を活用する，情報化の影を補い教育環境の人間化に光をあてる）が述べられている．
>
> 　また，「情報化社会に対応する初等中等教育の在り方」に関する調査研究協力者会議では第一次審議がとりまとめられ，情報化の進展と学校教育のあり方，学校教育におけるコンピュータ利用などの基本的な考え方，小中高におけるコンピュータを利用した学習指導のあり方などについて提言が行われ，1987(昭和62)年の教育課程審議会「幼稚園，小学校，中学校及び高等学校の教育課程の基準の改善について」の答申では，情報活用能力（情報の理解，選択，整理，創造などに必要な能力およびコンピュータ等の情報手段を活用する能力と態度）の定義，情報活用能力の育成はすべての教科で実施すること，中学校技術・家庭科に新領域「情報基礎」を新設することなどが盛り込まれ，1989（平成元）年の学習指導要領改訂へと展開されていった．

## 8.1.2　コンピュータ教室の環境整備

先進校における研究開発をうけて，文部省は，1990（平成2）年から「コンピュータ整備5ヵ年計画」を実施し，国庫を利用した学校へのコンピュータ整備（小学校：3台，中学校：22台，高等学校：23台，特殊諸学校：5台）を

開始した．中学校や高等学校では，生徒がコンピュータ教室に行けば，40人学級と考えて二人で1台のコンピュータを利用することができる環境への整備推進である．その後，1994（平成6）年から「コンピュータ整備第2次5ヵ年計画」を実施し，コンピュータ教室に行けば，小学校では二人で1台の学習環境，中学校・高等学校では一人1台の学習環境（小学校：22台，中学校：42台，高等学校：42台，特殊諸学校：8台）を提供することを目指した．

この時代は，コンピュータ教室に児童・生徒が情報教育に関する学習活動を展開できる情報基盤を整備する時代であった．

> **コラム　情報教育の手引き**
>
> 　情報活用能力の定義に対して，一部に「コンピュータを活用すれば情報活用能力が身に付く」，「文書作成ソフトを利用していれば情報教育を実施している」などという誤った解釈が行われている場合もあり，文部省は1990（平成2）年に「情報教育に関する手引書」を刊行した．
>
> 　そこでは，情報活用能力の定義（「情報の判断，選択，整理，処理能力及び新たな情報の創造，伝達能力」，「情報化社会の特質，情報化の社会や人間に対する影響の理解」，「情報の重要性の認識，情報に対する責任感，情報科学の基礎及び情報手段の特徴の理解，基本的な操作能力の習得」）や情報活用能力の育成とコンピュータを道具として教科の学習に活かす方法が説明されている．

### 8.1.3　インターネット環境の整備

1990年代の後半は，マルチメディア技術やインターネット技術の進展に伴い，研究機関だけでなく一般社会においても「1995（平成7）年がインターネット元年」といわれるようにISDN回線から10 Mb/sレベルのインターネットが利用可能になり，インターネットを利用した情報教育推進プロジェクトが政府や民間によって展開された．

**(1)「メディアキッズ」プロジェクト**

「メディアキッズ」は，1994年にAppleと国際大学グローバル・コミュニケーション・センターが共同で立ち上げたインターネットで結ぶ学校間交流プロジェクトである．1996（平成8）年には企業と諸組織から構成されたメディアキッズコンソーシアムが設立され，幼稚園から専門学校まで100校を超える

学校園が参加した．「メディアキッズ」の特徴は，子どもたちが簡単に使えるインタフェイス，子どもたちがじゃぶじゃぶ使えるネットワーク，子どもたちが主役のネットワークであった．この「メディアキッズ」の教育実践と支援活動は先駆的な取組みが多く，現在のインターネットの学習・教育利用の根底をなすプロジェクトの一つとなっている．

(2)「こねっと・プラン」プロジェクト

NTT の「こねっと・プラン」は，1996（平成 8）年から 2001（平成 13）年にかけて，子どもたちが世界中のさまざまな情報に触れ，感じたことや考えたことを自由に表現し社会に向けて伝えていくことができるように，マルチメディアコミュニケーション環境の整備と教育における活用推進のための三つの支援（財政支援，運用支援，活用支援）により実施されたプロジェクトである．当初は文部省と協議の上，1014 校（小学校：297，中学校：369，高等学校：309，特殊教育諸学校：33，専修学校：6）が対象となり，1999（平成 11）年からは支援対象が全国の学校へと拡大された．この取組みを通じて，共同学習，学校間交流，データベース，学校と社会の連携，国際交流といったインターネットを利用した学習・教育の方向性が示唆されたプロジェクトであった．

(3)「100 校プロジェクト」

通産省と文部省が共同で実施した「100 校プロジェクト」は，1994（平成 6）年から 3 年間，111 校（応募数は 1,543 校）にインターネットの利用環境を整備し，情報活用の高度化を試みるプロジェクトとして実施された．その後，このプロジェクトは 1997（平成 9）年から 2 年間，国際化，地域展開，高度化をテーマに「新 100 校プロジェクト」へと引き継がれた．

(4)「E スクエアプロジェクト」

「E スクエアプロジェクト」（1999（平成 11）年から 3 年間）は，『100 校プロジェクト等のノウハウの提供・展開支援』，『教育関係者が参加し相互に貢献し高めあえる場の提供』および『IT を活用した先進的な教育手法の実証』を目的として実施された．その後，IT を活用した教育実践を支援することを目的とした「E スクエア・アドバンスプロジェクト」（2002（平成 14）年から 3 年間），学校現場における効果的かつ継続的に利用できる IT 環境の整備を目的とした「E スクエア・エボリューション」（2005（平成 17）年から 3 年間）へ

と展開していき，情報教育の先進的教育実践の研究を支援する重要なプロジェクトになった．

(5)「ミレニアム・プロジェクト」

一方，政府は夢と活力に満ちた21世紀を迎えるために今後の我が国にとって重要性や緊要性の高い情報化，高齢化，環境対応の三つの分野について産官学共同で取組む「ミレニアム・プロジェクト（新しい千年紀プロジェクト）」を1999年12月19日に決定し，2000年度の8事業の一つとして「教育の情報化」プロジェクトが実施された．

(6)「教育の情報化」プロジェクト

「教育の情報化」プロジェクトでは，教育の情報化を通じて「子どもたちが変わる」「授業が変わる」「学校が変わる」を目指し，『2005（平成17）年度末を目標に，「全ての小中高等学校等」からインターネットにアクセスでき，「全ての学級」の「あらゆる授業」において，教員及び児童生徒がコンピュータ・インターネットを活用できる環境を整備する』ことが目標として掲げられた．

本プロジェクトの特徴は，インターネットにアクセス可能な「普通教室」におけるIT利用をどのように推進していくかに力点が置かれたところにある．コンピュータ室から普通教室へ，ハードの整備からソフト（教員研究含む）の整備へと舵が切られていく時代であり，わかる授業実現のためのIT活用が強く意識されはじめた時代である．

---

**コラム　IT基本法とe-Japan戦略**

2000年11月に，高度情報通信ネットワーク社会の形成に関する基本理念および基本方針を定めたIT基本法（高度情報通信ネットワーク社会形成基本法，2001年1月施行）が成立し，その法律によって設置されたIT戦略本部によって通信インフラの超高速化など世界最先端のIT国家となることを目指したe-Japan戦略（2001年1月），続いて次世代情報通信基盤の整備と生活，食，知，医療，中小企業，金融，就労・労働，行政サービスの7分野で積極的にその基盤を活用することを重点的な目標として示されたe-Japan戦略II（2003年7月）が策定された．

このIT国家戦略にもとづいた実際の政策課題については，e-Japan重点計画として2001年から毎年発表され，ミレニアム・プロジェクト「教育の情報化」もこの重点計画（教育および学習の振興ならびに人材の育成）として推進されていった．．

コラムに示した e-Japan 戦略の結果，2005 年末における国民のインターネット利用人口は 8,529 万人（人口普及率 66.8%）となり，その利用料金は世界で最も安い水準となった．また，2006（平成 18）年 3 月の学校における ICT 環境の整備状況は向上してきた．表 8.1.1 に，e-Japan 戦略，その後の IT 新改革戦略，教育の情報化ビジョンにおける学校の ICT 機器の整備状況を示す．

**表 8.1.1 学校における ICT 機器の整備状況**（文部科学省資料）

| | e-Japan 戦略 (2000～2005 年度) | | | IT 新改革戦略 (2006～2010 年度) | | | 教育の情報化ビジョン (2006～2010 年度) | |
|---|---|---|---|---|---|---|---|---|
| | 2001年3月 (H13年3月) | 2006年3月 (H18年3月) | 目標値 | 2007年3月 (H19年3月) | 2011年3月 (H23年3月) | 目標値 | 2013年3月 (H25年3月) | 目標値 |
| コンピュータ1台当たりの児童生徒数（人／台） | 13.3 | 7.7 | 5.4 | 7.3 | 6.6 | 3.6 | 6.5 | 3.6 |
| 普通教室の校内LAN整備率（%） | 8.3 | 50.6 | 概ね100 | 56.2 | 82.3 | 概ね100 | 84.4 | 100 |
| 高速インターネット接続率（%） | 12.9 | 89.1 | 概ね100 | 91.4 | 97.7 | — | 98.6 | — |
| 超高速インターネット接続率（%） | — | 30.5 | — | 35 | 67.1 | 概ね100 | 75.4 | 100 |
| 教員の校務用コンピュータ整備率（%） | — | 33.4 | — | 43 | 99.2 | 教員1人1台 | 108.1 | 教員1人1台 |
| コンピュータを使って指導できる教員の割合（%） | 40.9 | 76.8 | 概ね100 | — | — | — | — | — |
| 教材研究・指導の準備・評価などにICTを活用する能力（%） | — | — | — | 69.4 | 76.1 | — | 79.7 | — |
| 情報モラルなどを指導する能力（%） | — | — | — | 62.7 | 71.4 | — | 74.8 | — |
| 校務にICTを活用する能力（%） | — | — | — | 61.8 | 72.4 | — | 75.5 | — |
| 児童のICTを活用して指導する能力（%） | — | — | — | 56.3 | 61.5 | — | 63.7 | — |
| 授業中にICTを活用して指導する能力（%） | — | — | — | 52.6 | 62.3 | — | 67.5 | — |
| 電子黒板の整備状況（台） | — | 7,832 | — | 9,536 | 60,478 | — | 72,168 (1校あたり2.0) | 教室1台 |
| 実物投影機の整備状況（台） | — | — | — | — | 112,453 | — | 141,398 (1校あたり4.0) | 教室1台 |

### 8.1.4 ICT 環境の整備・充実

2006（平成 18）年 11 月に策定された IT 新改革戦略では，IT の利活用による「元気・安心・感動・便利」社会の実現を目指し，次代の IT 革命を先導するフロントランナーとして世界に誇れる国づくりを推進していく目標が掲げられた．教育の情報化に関しては，学校の IT 環境の整備を行ってきたが，教員用コンピュータの整備不足や校務の IT 化の遅れ，さらに支援人材の不足など課題を抱えていた．

(1) IT 新改革戦略における「教育の情報化」

IT 新改革戦略における「教育の情報化」として以下の具体的な方策が立てられ，学校教育の情報化の一層の推進と情報化の影の部分への対応が計画された．

- 学校の ICT 環境の整備
- 教員の ICT 指導力の向上
- ICT 教育の充実
- 校務の情報化の推進
- 情報モラル教育の推進

このプランでは，1 校あたりの整備例に可動式のクラス用コンピュータ 40 台が組み込まれ，普通教室における ICT 環境の整備充実に舵がきられ，さらにハードからソフト・ヒューマンへの重点事項の転換が見られた．

こうした ICT 環境の整備充実・更新に伴い，教育コンテンツの活用に関するプロジェクトも展開された．2004（平成 16）年度から 3 か年で実施された文部科学省委託事業「ネットワーク配信コンテンツ活用推進事業」は，「学校の IT 環境を活用し，子どもたちの情報活用能力の育成や確かな学力の向上を図るため，ネットワーク配信型コンテンツの効果的な活用方法の研究を行い，学校における IT 活用を推進すること」を目的に，全国 34 地域が参加して行われた．

このプロジェクトの特徴は，ネットワーク上から学習コンテンツを配信し学校や家庭における教育や学習に活用すること，また，学習コンテンツは試用確認付きの利用期間を考慮した購入形態（たとえば 1 年間）がとられた点にある．

具体的には，コンテンツ配信センターにおいて民間のコンテンツ事業者がコンテンツの登録と配信を行う．各地域には地域ネットワークセンターがあり，地方自治体のコンテンツ購入予算を利用して学校がコンテンツを選択して教育委員会が購入し，学校の授業や学習活動，家庭学習でコンテンツが活用される．この取組みでは，ネットワークからコンテンツを配信する先駆的な授業実践・家庭学習のモデル，およびコンテンツ購入の課金モデルが示されている．

(2) i-Japan戦略における「教育の情報化」

　IT新改革戦略に引き続き，2009（平成21）年7月に2015年（平成27年）までに実現すべきデジタル社会の将来像とその実現に向けたi-Japan戦略2015がIT戦略本部によって発表された．この新戦略の対象は，電子政府・電子自治体，医療・健康，教育・人材の三大重点分野であり，教育・人材分野では，「授業でのデジタル技術の活用などを推進し，子どもの学習意欲や学力・情報活用能力を向上させるため，教員のデジタル活用指導力の向上を図るほか，双方向でわかりやすい授業に資する電子黒板などデジタル機器の教室への普及と教育コンテンツの整備充実を図る」ことが目標とされた．

　この戦略に先駆け，2009（平成21）年4月にIT戦略本部から「デジタル教育の推進とデジタル活用人材の育成・活用」を含めて「デジタル新時代に向けた新たな戦略〜三か年緊急プラン〜」が策定され，平成21年度補正予算において「スクールニューディール政策（4,881億円）」が実施された．このうち学校ICT環境整備（2,087億円）に関する予算は以下のとおりである．

　①地上デジタルテレビ（電子黒板含む）の整備（667億円）

　②学校のコンピュータ・校内LANの整備（1,420億円）

(3)「教育の情報化ビジョン」[引用文献 (4)]

　その後の政権交代により，民主党政権によるICT推進施策として，「地域の絆の再生（学校教育・生涯学習の環境整備）」を三つの柱の一つとして含む「新たな情報通信技術戦略」が2010（平成22）年5月に公表され，「情報通信技術の利活用による国民生活向上・国際競争力強化（学校教育におけるICT技術を利活用した子ども同士の教えあい・学びあいの協働教育の実現等を含む）」が盛り込まれた「新成長戦略」が同年6月に閣議決定された．それらを受けて，2020（平成32）年度に向けた教育の情報化に関する総合的な推進方策である「教

育の情報化ビジョン」が 2011（平成 23）年 4 月にまとめられた．

ICT ありきではなく，「21 世紀を生きる子どもたちに求められる力は？」，「その力をつけるためにふさわしい学びの在り方は？」という観点から，とくに欧米の教育改革で中心となっているコンピテンシーについて分析し，21 世紀にふさわしい学びをイノベーションする際にその可能性を拡げる道具としてICT を捉え，次の三つの柱に関する方策を推進することを通して教育の質を向上させることにねらいが置かれた．

①情報教育の充実（子どもたちの情報活用能力の育成）
  ・新学習指導要領の円滑かつ確実な実施（情報モラル教育の充実含む）
  ・今後の教育課程に向けた調査・研究・開発（デジタル版「情報活用ノート（仮称）」の開発，研究開発学校制度等の活用による実証的研究，諸外国の調査研究・実態調査等を含む）
②教科指導における ICT の活用（ICT を効果的に活用した分かりやすく深まる授業の実現）
  ・指導者用デジタル教科書［教員が電子黒板等に提示して指導］や学習者用デジタル教科書［子どもたちが個々の情報端末で学習］の開発・研究（クラウド・コンピューティング技術を活用した供給・配信を含む）
  ・質の高いデジタル教材の開発
  ・超高速の無線 LAN 構築を含めたネットワーク環境の整備
③校務の情報化（ICT を活用した教職員の情報共有によるきめ細かな指導，校務負担の軽減）
  ・出欠・成績管理・学習履歴等の共有を含む校務支援システムの普及
  ・共有すべき教育情報の項目やデータ形式等の標準化の推進
  ・校務におけるクラウド・コンピューティング技術の活用と検証

また，児童・生徒の状態や特性などに応じた特別支援教育における ICT の活用，教員への支援のあり方（ICT 活用指導力向上などのための教員研修，教員養成段階における教員養成カリキュラムの開発，教育の情報化に関する統括責任者の教育 CIO・学校の管理職としての学校 CIO・外部の専門的スタッフである ICT 支援員など教員のサポート体制の構築）などを学校教育の情報化の着実な推進に向けて取り組んでいくことが示されている．

### (4)「フューチャースクール事業」と「学びのイノベーション事業」

2020年に向けて「児童生徒一人1台の情報端末による教育モデル」を示すべく総合的な実証研究が，2011年から総務省「フューチャースクール事業」（2011年度から4年間）と文部科学省「学びのイノベーション事業」（2012年度から3年間）が緊密に連携して行われた［引用文献（1），（3），（5）］．

フューチャースクール事業は，主に教育の情報化に係るICTの導入手法など情報通信技術面を担当し，協働教育の実現に必要な技術的条件（端末のスペックや入力方式，無線LANなどの負荷，バッテリー駆動時間・充電方法，クラウドの利用方法など）やその効果や課題などを検証してきた［引用文献（1）］．

学びのイノベーション事業は，主にICTを活用した教育の効果・影響の検証，指導方法の開発，学習者用デジタル教科書・教材の開発や教員研修のあり方などソフト・ヒューマン面を担当して未来の授業・学習のあり方を検討してきた．実証校として，2011年度から小学校10校（東西2ブロックに分け主管企業が各ブロックを担当），2012年度から中学校8校（学校は各々企業と連携）と特別支援学校2校が選定された．実証校では，一人1台の情報端末，電子黒板，無線LANなどが整備された環境のもとで，子どもたちが主体的に学習する「新たな学び」の場が提供され，ICTを効果的に活用した教育実践が繰り返された［引用文献（3），（5）］．

以上，8.1.1〜8.1.4項で述べた情報教育および教育の情報化の歴史をまとめると，表8.1.2のようになる．

## 8.1 情報教育および教育の情報化の歴史

**表 8.1.2 情報教育・教育の情報化の歴史** [引用文献（2）に加筆修正]

| 西暦 | ICT関連の出来事 | ICTに関連した概要など | ICTの技術・製品など |
|---|---|---|---|
| 1985年 | ◆情報教育元年 | | |
| | □臨時教育審議会第一次答申 | ・学校教育における情報化への対応の指導 | |
| | ○学校教育設備整備費等補助金（教育法開発特別設備） | ・[予算] 1985〜87年度：20億円, 88年度：29億円, 89年度：34億円 | |
| 1986年 | □臨時教育審議会第二次答申 | ・情報活用能力の定義<br>・情報化に対応した教育に関する三原則 | |
| | ・情報化社会に対応する初等中等教育の在り方に関する調査研究協力者会議 | ・情報化の進展と学校教育のあり方，学校教育におけるコンピュータ利用などの基本的な考え方などについて提言 | |
| | ・学校におけるコンピュータ利用等に関する研究指定校制度 | | |
| 1987年 | □教育課程審議会「幼稚園，小学校，中学校及び高等学校の教育課程の基準の改善について」の答申 | ・情報活用能力の定義<br>・情報活用能力の育成はすべての教科で実施<br>・中学校技術・家庭科に新領域「情報基礎」の新設 | |
| 1989年 | □学習指導要領告示 | | |
| 1990年 | ○コンピュータ整備5ヵ年計画 | ・小学校：3台, 中学校：22台, 高等学校：23台, 特殊諸学校：5台 | |
| | ・「情報教育に関する手引書」刊行 | ・情報活用能力の定義 | |
| 1990年 | | | ・Windows 3.1 |
| 1991年 | | | ・WWW（World Wide Web） |
| 1994年 | ○コンピュータ整備第2次5ヵ年計画 | ・小学校：22台, 中学校：42台, 高等学校：42台, 特殊諸学校：8台 | |
| | ・メディアキッズ（Apple）開始 | ・インターネットで結ぶ学校間交流プロジェクト | |
| | ・100校プロジェクト開始 | ・インターネット利用環境の整備と情報活用の高度化 | ・Netscape［Webブラウザ］ |
| 1995年 | ◆インターネット元年 | | ・Windows 95 |

| 年 | | | |
|---|---|---|---|
| 1996年 | ・こねっと・プラン（NTT）開始 | ・マルチメディアコミュニケーション環境の整備と教育における活用推進 | |
| | □中央教育審議会第一次答申 | ・情報教育の体系的な実施の必要性 | |
| 1997年 | ・新100校プロジェクト開始 | ・国際化，地域展開，高度化をテーマ | ・Mac OS8 |
| | ・「情報化の進展に対応した初等中等教育における情報教育の進展等」に関する調査研究協力者会議第一次報告 | ・情報化の進展に対応できる能力をすべての子どもたちに育成<br>・情報活用能力の再定義 | |
| 1998年 | ・「情報化の進展に対応した初等中等教育における情報教育の進展等」に関する調査研究協力者会議最終報告 | ・情報教育の内容の充実<br>・各教科における活用<br>・学校を支援する体制の整備 | ・Windows 98 |
| | □学習指導要領告示 | | |
| 1999年 | ・Eスクエアプロジェクト開始 | ・100校プロジェクトなどのノウハウの提供・展開支援 | ・ブロードバンド接続（ADSL） |
| | ・ミレニアム・プロジェクト教育の情報化 | ・2005年度（平成17年度）末を目標に，「すべての小中高等学校等」からインターネットにアクセスでき，「すべての学級」の「あらゆる授業」において，教員および児童生徒がコンピュータ・インターネットを活用できる環境を整備する | ・Mac OS9 |
| 2000年 | ★IT基本法成立 | ・高度情報通信ネットワーク社会の形成に関する基本理念および基本方針 | |
| 2001年 | ★IT戦略本部の設置 | ・高度情報通信ネットワーク社会の形成に関する施策を迅速かつ重点的に推進 | ・Windows XP |
| | ★e-Japan戦略 | ・2005年までに世界最先端のIT国家になることを目指す<br>・超高速ネットワーク（30Mbps以上）インフラ整備（IT基盤整備） | |
| | ◆ブロードバンド元年 | | ・ブロードバンド接続（FTTH） |
| 2002年 | ・Eスクエア・アドバンスプロジェクト開始 | ・ITを活用した教育実践を支援する | |

8.1 情報教育および教育の情報化の歴史

| 年 | 施策 | 内容 | 関連事項 |
|---|---|---|---|
| 2003年 | ★e-Japan 戦略Ⅱ | ・IT の利活用による「元気・安心・感動・便利」社会の実現（IT 利活用重視） | |
| 2004年 | ・ネットワーク配信コンテンツ推進事業開始 | | |
| 2005年 | ・E スクエア・エボリューション開始 | ・学校現場において効果的かつ継続的に利用できる IT 環境の整備 | |
| 2006年 | ★IT 新改革戦略 | ・次代の IT 革命を先導するフロントランナーとして世界に誇れる国づくり<br>・ユビキタスネットワーク社会への基盤整備<br>・IT 利活用に対する国民の満足度の向上（IT の構造改革力の追求） | ・Windows Vista |
| 2007年 | | | ・iPhone |
| 2008年 | □学習指導要領告示 | | ・Facebook, Twitter 日本語版 |
| 2009年 | ★i-Japan 戦略 2015 | ・デジタル社会の将来像とその実現 | ・Windows 7 |
| | ★デジタル新時代に向けた新たな戦略〜三か年緊急プラン〜 | ・デジタル教育の推進とデジタル活用人材の育成・活用 | |
| | ○スクール・ニューディール政策 | ・学校 ICT 環境整備費として 2,087 億円 | |
| 2010年 | ★新たな情報通信技術戦略 | ・三つの柱の一つに地域の絆の再生（学校教育・生涯学習の環境整備） | ・iPad |
| | ★新成長戦略 | ・情報通信技術の利活用による国民生活向上・国際競争力強化 | |
| 2011年 | ・教育の情報化ビジョン | ・2020 年度に向けた教育の情報化に関する総合的な推進方策 | |
| | ・総務省「フューチャースクール事業」 | ・協働教育の実現に必要な技術的条件やその効果や課題などを検証 | |
| 2012年 | ・文部科学省「学びのイノベーション事業」 | ・ICT を活用した教育の効果・影響の検証，指導方法の開発 | ・Windows 8 |
| 2013年 | ★日本再興戦略 | ・2010 年代中に一人一台の情報端末による教育の本格展開に向けた方策の整理 | |
| | ★第 2 期教育振興基本計画 | ・4 つの基本的方向性，8 つの成果目標，30 の基本施策 | |
| 2014年 | ○IT 化に向けた環境整備 4 か年計画 | ・地方交付税で 4 年間措置．予算は単年度 1,678 億円<br>・可動式コンピュータ 40 台など | |

凡例　◆ICT 変革開始年，□教育関連の答申・告示，○ICT 等環境整備計画，★ICT に関する国家戦略施策

## 8.2 情報教育・教育の情報化の将来とICT活用

### 8.2.1 ICT環境整備

2013 (平成25) 年6月に閣議決定された「日本再興戦略」では，我が国の新たな成長戦略が示され，教育の情報化に関しても，ICTを活用した21世紀型スキルの修得として，「2010年代中に一人1台の情報端末による教育の本格展開に向けた方策の整理」，「デジタル教材の開発」，「教員の指導力向上」，「双方型の教育やグローバルな遠隔教育の推進」が明記された．

同月に第2期教育振興基本計画 [4つの基本的方向性, 8つの成果目標, 30の基本施策, 計画期間：2013年度～2017 (平成29) 年度] も閣議決定され，ICTの環境整備として「IT化に向けた環境整備4か年計画 [2014 (平成26) 年度～2017年度]」が策定された．予算は単年度1,678億円 [高等学校ケース：425万円 (生徒数600人の場合)，中学校ケース：568万円 (15学級の場合)，小学校ケース：559万円 (18学級の場合)] の地方交付税措置が4年間講じられる．この計画におけるICT整備水準は以下のとおりである．

①教育用コンピュータ1台あたりの児童生徒数3.6人．
  ・コンピュータ教室に40台．
  ・各普通教室に1台，特別教室に6台．
  ・設置場所を限定しない可動式コンピュータ40台．
②電子黒板と実物投影機の整備は1学級あたり各1台．
③超高速インターネット接続率および無線LAN接続率ともに100%．
④校務用コンピュータ教員一人あたり1台．

これらの整備を行うことによって，普通教室では実物投影機 (書画カメラ) や電子黒板が教員による説明や児童生徒による発表で利用され，学習者用デジタル教科書・教材が実装された可動式コンピュータが無線LANを利用して個人での情報収集や理解状態にあわせた学習活動，協働学習，屋外での活用を支援する．

また，教員が授業を進めるうえで，あるいは児童生徒の学習状況を把握するために授業支援ソフトやデジタル教材が利用され，また端末管理のためのソフ

トウェアやセキュリティソフトが安心・安全のために利用される．さらに，校務事務の軽減，教職員間の指導計画や指導案などについての情報共有の促進，学校 Web サイトを活用して家庭や地域への情報発信が行われる．このような ICT 学習環境を有効に活用するために，ICT 支援員が学校や市町村の教育委員会で雇用され，学校内での学習活動や校務活動を一緒に検討して，教員を支援していく体制が必要とされている．

### 8.2.2　学習・教育のための ICT 活用

(1) 学習・教育のための ICT の分類

情報科の授業では，コンピュータや情報通信ネットワークなどの ICT 環境を整えるとともに，学習や教育のために ICT をツールとして活用することが求められる．表 8.2.1 に示すように，学習・教育のための ICT は，提示用 ICT，活動用 ICT，記録用 ICT に分類される．提示用 ICT は主に教師が中心となり進めていく授業で役立ち，活動用 ICT は生徒中心の授業に欠かせないアイテムとなってきている．また，記録用 ICT は学習評価のための授業記録や学習成果物（e ポートフォリオ）を記録・蓄積するためのツールとして，今後さらに注目されていくだろう．

(2) 学習形態と ICT 利用

学習形態（一斉学習，個別学習，協働学習）を ICT 利用の側面から考える．

一斉学習は，児童生徒が学習対象に視線を向けて，学習内容を思考するあるいは伝達する世界である．この世界をより豊かな学習環境にするために，「学習対象や内容を理解するためのわかりやすさの学習支援機能」や「教員と生徒，生徒同士がインタラクティブ（相互作用的）に授業が展開できる学習支援機能」などが必要とされる．「わかりやすさ」の面では，実物投影機や電子黒板などの学習対象の拡大提示機能，書込みや削除・繰返し機能などが学習を豊かにする．「インタラクティブ」の面では，わかりやすさの機能が授業・学習内での相互作用を生み出すことはもちろん，モバイル端末やタブレット端末と電子黒板の連動による他者との情報共有機能や説明支援機能などが他者との比較を通じた知識理解や思考力，そして表現力の向上に寄与する学習環境となる．

個別学習は，学習者自身の知識・スキル獲得，情報収集活動，探究活動，制

表 8.2.1　学習・教育のための主な ICT

| | ハードウェア | ソフトウェア |
|---|---|---|
| 提示用 ICT | 電子黒板<br>実物投影機（書画カメラ）<br>プロジェクター<br>大型テレビ<br>デジタルタイマー<br>デジタル顕微鏡<br>DVD（ブルーレイ）プレイヤー | 教師用デジタル教科書<br>Web サイト<br>教材動画／教材画像<br>各種学習教材 |
| 活動用 ICT | 情報端末（タブレット端末）<br>PC<br>クリッカー<br>テレビ会議システム<br>携帯ゲーム機<br>電子ペン<br>グラフ電卓<br>e ラーニング（学習支援システム）<br>e ポートフォリオ（アセスメント支援システム） | Web サイト<br>学習者用デジタル教科書<br>学習コンテンツ（学習教材アプリケーション）<br>学習支援ソフト<br>PC ソフト（ワープロ，表計算，プレゼンテーションソフトなど）<br>各種情報端末用アプリ（思考用アプリ，コミュニケーション用アプリなど）<br>SNS（ソーシャルネットワーキングサービス） |
| 記録用 ICT | 情報端末（タブレット端末）<br>PC<br>デジタルカメラ<br>デジタルビデオ<br>Web カメラ<br>スキャナー<br>IC レコーダー<br>e ポートフォリオ（学習成果管理システム） | デジタル学習ノート<br>デジタルワークシート<br>オンラインドライブ |

作活動，表現活動を行う世界である．この世界をより豊かな学習環境にするために，「学習過程のデータ・情報・得られた知識・活動内容や学習成果が記録・蓄積でき，いつでもどこからでも利用できる機能」，「学習対象の認識・理解や知識獲得を支援する機能」，そして「多様な情報端末から同じように個別学習が実施できる機能」などが必要とされる．「学習過程や学習成果の履歴記録や利用」の面では，学習者の学習履歴を活用したドリル学習などにおける学習支援機能，いつでもどこからでもデジタル教科書・教材が利用でき自分の学習履歴にアクセスできる教育・学習クラウド機能などが学習効果や学習活動の機会向上に寄与する．「学習対象理解・知識獲得」の面では，仮想現実や拡張現実

など情報技術を活用した学習・教育ツールがより学習対象に迫ることができる，あるいはわかりやすい理解につながる学習環境を提供可能にする．また，メモを書くことや線を引くアノテーション機能や大量の情報から学習内容などの観点で情報を絞りこむ情報フィルタリング機能など学習者の学習活動において必要となる機能の提供は，学習活動をより活発かつ主体的な方向へ導くことができる．「多様な情報端末からのアクセス」の面では，教育システムプラットフォームやデジタル教科書・教材の標準化作業が異なる OS や情報端末・タブレット端末の違いを吸収してより使いやすい学習環境の提供に寄与する．

協働学習は，他者との意見交換や作業を通じて，知識・理解ばかりでなく思考・判断・表現の観点からの能力育成を行うことができる学習形態である．基本的には一斉学習や個別学習と同様の機能が必要となるが，とくに，他者の意見の可視化，協働学習過程の可視化，学習成果の可視化などプロセスや成果をわかりやすく認識・理解するための可視化機能が求められる．インターネットを活用することによって，学校の学習では学校の壁を越えた交流学習，家庭における学習ではネット上での他者との教えあい・学び合いや比較を可能にするSNS などを利用した学習コミュニティの仕組みが必要とされる．

さらに，教員の授業改善，教材共有，ICT 活用指導力の向上（図 8.2.1)，ICT 支援員との連携・協働，学校と地域・保護者間の情報共有などでも，クラウド機能など上記と同様の機能が具備された教育支援環境が必要とされる．また，学校の状況に応じたアクセシビリティやセキュリティ，教育・学習コンテンツの課金システムなどの検討・選択も求められる．

情報科を担当する教員は，情報科の学習環境の整備だけでなく，すべての教科や学習活動における ICT の教育利用や生徒の情報活用能力の向上を踏まえた学校における ICT 環境の整備，さらに，教員の ICT 活用指導力向上や ICT を拠り所に世代をつなぐ授業改善に関するシステム構築を求められる人材にならざるを得ない状況である．

学習指導要領の改訂が約 10 年のスパンで考えられるとすれば，とくに情報科では ICT 技術の進展とのギャップが顕著になる．情報科を担う教員としては，常に，新たな ICT 技術についてのキャッチアップを個人的にあるいは SNS などを活用した遠隔分散コミュニティも含めた組織で行い，生徒の情報

ICT環境が整備されていることとして、以下のA-1からE-2の18項目について右欄の4段階でチェックしてください。

| | 4 わりにできる | 3 ややできる | 2 あまりできない | 1 ほとんどできない |
|---|---|---|---|---|
| **A　教材研究・指導の準備・評価などにICTを活用する能力** | | | | |
| A-1 教育効果をあげるには、どの場面にどのようにしてコンピュータやインターネットなどを利用すればよいかを計画する。 | 4 | 3 | 2 | 1 |
| A-2 授業で使う教材や資料などを集めるために、インターネットやCD-ROMなどを活用する。 | 4 | 3 | 2 | 1 |
| A-3 授業に必要なプリントや提示資料を作成するために、ワープロソフトやプレゼンテーションソフトなどを活用する。 | 4 | 3 | 2 | 1 |
| A-4 評価を充実させるために、コンピュータやデジタルカメラなどを活用して生徒の作品・学習状況・成績などを管理し集計する。 | 4 | 3 | 2 | 1 |
| **B　授業中にICTを活用して指導する能力** | | | | |
| B-1 学習に対する生徒の興味・関心を高めるために、コンピュータや提示装置などを活用して資料などを効果的に提示する。 | 4 | 3 | 2 | 1 |
| B-2 生徒一人一人に課題意識をもたせるために、コンピュータや提示装置などを活用して資料などを効果的に提示する。 | 4 | 3 | 2 | 1 |
| B-3 わかりやすく説明したり、生徒の思考や理解を深めたりするために、コンピュータや提示装置などを活用して資料などを効果的に提示する。 | 4 | 3 | 2 | 1 |
| B-4 学習内容をまとめる際に生徒の知識の定着を図るために、コンピュータや提示装置などを活用して資料などをわかりやすく提示する。 | 4 | 3 | 2 | 1 |
| **C　生徒のICT活用を指導する能力** | | | | |
| C-1 生徒がコンピュータやインターネットなどを活用して、情報を収集したり選択したりできるように指導する。 | 4 | 3 | 2 | 1 |
| C-2 生徒が自分の考えをワープロソフトで文章にまとめたり、調べた結果を表計算ソフトで表やグラフなどにまとめたりすることを指導する。 | 4 | 3 | 2 | 1 |
| C-3 生徒がコンピュータやプレゼンテーションソフトなどを活用して、わかりやすく説明したり効果的に表現したりできるように指導する。 | 4 | 3 | 2 | 1 |
| C-4 生徒が学習用ソフトやインターネットなどを活用して、繰り返し学習したり練習したりして、知識の定着や技能の習熟を図れるように指導する。 | 4 | 3 | 2 | 1 |
| **D　情報モラルなどを指導する能力** | | | | |
| D-1 生徒が情報社会への参画にあたって責任ある態度と義務を果たし、情報に関する自分や他者の権利を理解し尊重できるように指導する。 | 4 | 3 | 2 | 1 |
| D-2 生徒が情報の保護や取り扱いに関する基本的なルールや法律の内容を理解し、反社会的な行為や違法な行為などに対して適切に判断し行動できるように指導する。 | 4 | 3 | 2 | 1 |
| D-3 生徒がインターネットなどを利用する際に、情報の信頼性やネット犯罪の危険性などを理解し、情報を正しく安全に活用できるように指導する。 | 4 | 3 | 2 | 1 |
| D-4 生徒が情報セキュリティに関する基本的な知識を身に付け、コンピュータやインターネットを安全に使えるように指導する。 | 4 | 3 | 2 | 1 |
| **E　校務にICTを活用する能力** | | | | |
| E-1 校務分掌や学級経営に必要な情報をインターネットなどで集めて、ワープロソフトや表計算ソフトなどを活用して文書や資料などを作成する。 | 4 | 3 | 2 | 1 |
| E-2 教員間、保護者・地域の連携協力を密にするため、インターネットや校内ネットワークなどを活用して、必要な情報の交換・共有化を図る。 | 4 | 3 | 2 | 1 |

※ICT：Information and Communication Technologyの略語。コンピュータやインターネットなどの情報コミュニケーション技術のこと。

**図 8.2.1　教員の ICT 活用指導力チェックリスト**

活用能力や 21 世紀型能力を育成するための情報教育・教育の情報化の ICT 学習（支援）環境を検討し，整備していくことが求められる．

## 参考文献

[1] 木暮仁：「経営と情報」に関する教材と意見，http://www.kogures.com/（2014.12.9 access）

[2] コンピュータ教育推進センター：E スクエア／100 校＆新 100 校プロジェクト，http://www.cec.or.jp/cecre/esquare.html（2014.12.9 access）

[3] 清水康敬 他:特集 e ラーニングの広がりと連携，情報処理学会誌，Vol.49，No.9（2008），pp.1027-1081

[4] 堀田龍也，木原俊行：我が国における学力向上を目指した ICT 活用の系譜，日本教育

工学会論文誌, Vol.32, No.3 (2008), pp.253-265
[5] 堀田龍也:「学びのイノベーション事業」と「フューチャースクール推進事業」に見る『21世紀にふさわしい学校教育』とは？, CHIeru Magazine, 2012 Spring-Summer (2012), pp.3-9
[6] 文部省:学制百二十年史 二 情報化への対応（平成4年）, http://www.mext.go.jp/b_menu/hakusho/html/others/detail/1318326.htm（2014.12.9 access）
[7] 文部科学省:ネットワーク配信コンテンツ活用推進事業報告書, 社団法人日本教育工学振興会 (2007)

## 引用文献
(1) 総務省:教育情報化の推進 フューチャースクール推進事業, http://www.soumu.go.jp/main_sosiki/joho_tsusin/kyouiku_joho-ka/future_school.html（2014.12.9 access）
(2) 東原義訓:我が国における学力向上を目指したICT活用の系譜, 日本教育工学会論文誌, Vol.32, No.3 (2008), pp.241-252
(3) 豊島基暢:「学びのイノベーション事業」実証研究の成果と課題, 学校とICT, 2014年6月号, pp.2-7
(4) 文部科学省:「教育の情報化ビジョン」の公表について（平成23年4月28日）, http://www.mext.go.jp/b_menu/houdou/23/04/1305484.htm（2014.12.9 access）
(5) 文部科学省:学びのイノベーション事業実証研究報告書, http://www.mext.go.jp/b_menu/shingi/chousa/shougai/030/toushin/1346504.htm（2014.12.9 access）

# 索引

**欧数字**
100校プロジェクト　176
2進数　41
Eスクエアプロジェクト　176
ICT環境　179
SNS　54

**あ　行**
アセスメント　149
アルゴリズム　72, 99
暗号化　47
安　全　84
安全対策　103
生きる力　25
一斉学習　145
運　用　107
エバリュエーション　149
オペレーティングシステム　96

**か　行**
外部設計　106
学習活動　145
学習記録　153
学習形態　145
学習支援　147
学習指導案　161
学習指導のデザイン　143
学習評価　148
　−デザインサイクル　154
　−のデザイン　148
　−の分類　149
学力の三要素　151

技術・家庭科　32
教育ICT　144
教育の情報化プロジェクト　177
教材研究　143
共通教科情報科　28
　−の改訂　26
　−の科目　29
協働学習　147
協働自律学習　130
グループ学習　145
個人情報　68
個人情報保護法　54
こねっと・プランプロジェクト　176
コピー　40
個別学習　145
コミュニケーション手段　45
コンピュータ教室　174
コンピュータと情報通信ネットワーク　62

**さ　行**
サイバー犯罪　50
サービス　66
残存性　39
指導計画　155
シミュレーション　73
社会的責任　92
「社会と情報」
　−の授業実践例　115, 119
　−の単元　38
　−の目標　37
周辺機器　64

授業デザイン　141
授業デザインサイクル　142
授業方法　145
守秘義務　92
情　報　39
情報科教育法の授業実践　130
情報活用の実践力　22
情報化の歴史　183
情報技術の進展と情報モラル　81
情報教育の体系　33
情報教育の変遷　33
情報産業と社会　90
情報システム　56
情報社会に参画する態度　23
情報社会の課題と情報モラル　49
情報処理　63
情報セキュリティ　47, 52, 66
情報セキュリティポリシー　103
情報通信ネットワーク　46
情報通信ネットワークとコミュニケーション　44
情報デザイン　109
「情報の科学」
　－の授業実践例　122, 126
　－の単元　62
　－の目標　61
情報の科学的な理解　22
情報の拡散　54
情報の活用と表現　38
情報の管理と問題解決　75
情報量　64
処理手順　72
数値計算　100
制　度　82
接続形態　66
専門教科情報科　30
　応用選択的科目　89
　基礎的科目　89
　総合的科目　90
　－の改訂　27
　－の科目　31
　－の科目構成　90

総合的な学習の時間　32
ソフトウェア　96

た　行
他教科での活用　35
知識基盤社会　24
知的財産権　54
著作権法　53
ディジタル化　41, 64
テスト　107
データベース　78, 103
伝播性　40
動作確認　66
道　徳　31

な　行
内部設計　106
ネットワーク　64
ネットワークシステム　101
年間指導計画　156
年間評価計画　156
望ましい情報社会の構築　55

は　行
パケット通信　47
パスワード　67
ハードウェア　96
評　価
　観点別学習状況の－　150
　個人内－　149
　絶対－　149
　相対－　149
　－基準　149
　－規準　158, 166
　－者　151
　－の観点　150
　－の時期　150
　－の目的　150
複製性　40
不正アクセス禁止法　53
不正行為　103
フローチャート　73

プログラミング　73
プログラム　99
プログラム設計　106
プロジェクト学習　146
プロトコル　47, 66
プロバイダの責任制限法　53
法制度と個人の責任　53
法　律　82
法令厳守　92
保　守　107

**ま　行**
ミレニアム・プロジェクト　177
メディア　40
　記憶−　40

情報−　40
通信−　40
表現−　40, 111
メディアキッズプロジェクト　175
文　字　64
文字コード　64
モデル化　73
問題解決とコンピュータの活用　69

**や　行**
要求定義　106

**ら　行**
ルーブリック　159
レビュー　107

情報科教育法　第2版

平成27年1月30日　発　行

編著者　岡本敏雄
　　　　高橋参吉
　　　　西野和典

発行者　池田和博

発行所　丸善出版株式会社
〒101-0051　東京都千代田区神田神保町二丁目17番
編集：電話(03)3512-3266／FAX(03)3512-3272
営業：電話(03)3512-3256／FAX(03)3512-3270
http://pub.maruzen.co.jp/

© Toshio Okamoto, Sankichi Takahashi, Kazunori Nishino, 2015

組版印刷・富士美術印刷株式会社／製本・株式会社星共社
ISBN978-4-621-08907-1 C3055　　　　Printed in Japan

**JCOPY**〈(社)出版者著作権管理機構　委託出版物〉
本書の無断複写は著作権法上での例外を除き禁じられています．複写される場合は，そのつど事前に，(社)出版者著作権管理機構（電話03-3513-6969，FAX03-3513-6979，e-mail:info@jcopy.or.jp）の許諾を得て下さい．